游学天下

TRAVEL THE WORLD
LEARN THE WORLD

《知识就是力量》杂志社 编

夏

科学普及出版社
·北京·

U0320249

目录 contents

探寻热带雨林之心

撰文 / 陈可萱　李秋云

　　森林是个巨大又特别的宝盒，在不同时刻、不同环境下会有不同的惊奇事物带给你。在七八月份马来西亚的干季之时，探访雨林中生物多样性的奥秘，享受密林殿堂中的自然灵动，呼吸雨林中的潮湿与绿意，享受大自然带来的独特欢愉。这些正是雨林吸引我们不断前去探索的神奇魔力。

向雨林出发

独自前往婆罗洲的心脏地带——乌鲁艾地区，我从古晋搭了四小时的车程抵达巴当艾水库旁的码头。码头边的长舟早已等候多时，

要将我从文明世界载到与外界断讯的热带雨林中。

"长舟"仅容五人，它形状扁平，贴近水面，是伊班的传统交通工具，也是进入内陆聚落的唯一交通方式。这趟船程必须先横渡大水库进入德洛河，再沿河上溯，约三小时可达

○ 热带雨林拥有丰富的生态

当地居民告诉我，凤凰就是青鸾（Burung Ruai），它确实存在于聚落周边，但大多数人都只闻其声，未曾真正见过。连熟悉森林的伊班人都无法见到它，更何况是我？

起初确实很难熬。每天清晨，我涉过小溪，穿越墓地，一路爬到山顶。山顶有一片青鸾曾跳过舞的痕迹，我将那里作为自己的搜寻基地，用几片大叶子架在大树间做伪装。坐在树下，我时常听见青鸾的叫声在林间回荡。即使不确定这个任务能否成功，我仍日复一日地上山搜寻。

几天后，我的手脚已被蚊虫和荆棘弄得伤痕累累，还时常遭遇突如其来的暴雨。处在这样的环境中，除了身体的不适，还有漫长等待带来的心慌。但只要一想到来此的初衷，又让我继续坚守下去。

也许是山神听见了我的声音，它应许了我的愿望：传说中的凤凰终于在第八天出现！我永远无法忘记那一刻的感受：当时，我正盯着前方那片树林发呆，而它探头探脑地出现了，我简直不敢相信自己的眼睛，那蓝色的头部及红色的颈部，我已在图片上预习过不下百次。灰褐色的身体、两米长的身躯，那原本只出现在我梦中的身影，在我的眼前步伐优雅地慢慢走过……

伊班族的聚落。

为了寻找传说中的凤凰并记录当地文化，我和伊班族人共同居住在内陆森林中，他们大多说着方言，仅有几个年轻人能用简单的英语进行交流。要在这样的环境里寻找传说中的凤凰，听起来是很不可思议。

跳舞的凤凰

伊班族是雨林的子民，他们的文化与森林息息相关。因为崇敬森林，许多生活元素都取自森林里的动植物，连舞姿也是模仿森林里的鸟类。伊班人在长屋的长廊上跳舞，他们把长廊称为 Ruai，与青鸾同名，代表舞蹈在他们文化中的重要性，以及人文和大自然的紧密联结。

伊班族女孩所跳的传统舞蹈是模仿青鸾而来。

青鸾舞是当地的迎宾舞。女孩们随着音乐节奏轻踏地板，或转动手腕；或向后摆动双臂，模仿青鸾跳舞的动作。跳舞时，她们身着服饰上的银饰会丁零作响，以此吸引宾客目光。

TIPS:
大自然中的青鸾舞

雄鸟求偶时，会在森林中找一块没有大树的场地，用嘴把小苗清除，并用翅膀将地上的落叶扫净，这便是它的舞场。它会站在舞场周围鸣叫，吸引雌鸟到它的地盘，然后展开翅膀，将身上所有的"眼睛"对着眼前的雌鸟，然后向雌鸟献舞。

○ 雨林原住民伊班族（摄影/陈可萱）

红毛猩猩的传说

恰逢我身旁这位向导的孩子向父亲学习如何在森林里生活，看见榴莲树上大快朵颐的红毛猩猩，他忍不住大喊："啊，是红毛猩猩！他在偷吃我们的榴莲！"而他的父亲仍摘着野菜，从容回应道："让他吃吧，红毛猩猩可是我们的祖先呢！"

"为什么是祖先啊？"看着红毛猩猩，我和这位小朋友有着相同的疑问。

传说在很久以前，族里有一位老猎人过世了，他的孩子非常悲伤。在安顿遗体后，年轻人外出准备仪式用品，可当他再次回到长屋时，却赫然发现父亲的遗体消失了！他四处寻找，就是找不到。就在绝望之际，忽听木门外的敲击声，他猛一回头，

发现一只红毛猩猩站在门口，用炯炯有神的双眼盯着他。

年轻人赶紧拿起猎枪，对准了这只红毛猩猩。突然间，红毛猩猩开口了："孩子，是我，我是你父亲。我就要离开你们，回到森林去了。不要担心，你们去世的亲人都在那里，我们会永远守护着你们。"说完这段话，红毛猩猩转身爬上树，便离开了。自此之后，伊班族人便与红毛猩猩共享这片森林。"那我们安静地离开吧，不要打扰祖先享用餐点。"小朋友认真地说，而向导点头笑了。

○ 森林人——红毛猩猩（摄影／陈可萱）

雨林中的巨大生物

当时我们正在昏暗的河里进行夜间观察，忽然听见"扑通"一声，只见水中的沙子纷纷卷起。几分钟后，混浊的沙沉淀下来，我们的眼睛却因惊讶而睁得更大：原来，那是两只非常大的蛙。雌蛙大约有我手掌一倍半的大小，而雄蛙的体型则是它的一半。

巨蛙，只是雨林中奇特生物的冰山一角，还有许多惊奇正等着我们去探索，但快速的栖息地破坏却让这些生物无处可去，甚至因为感到压力而无法生育，使得族群无法继续繁衍，这正是我们在了解热带雨林之后，不断采取保护行动的主因。

大鼻子爷爷

"快看！有一个穿着背心的老人坐在树上！"听到身边孩童的大喊，我顺着他所指的方向看见：红棕色的毛帽、黄褐色背心、灰白色长裤，有个占脸 2/3 长的大鼻子，还有一条长长的尾巴——那是长鼻猴，一种住在红树林区的猴子。

这种猴子不吃香蕉等水果，只吃红树林的嫩叶。更特别的是，它的用餐行为与牛羊相似，可以进行反刍，将食物从胃里翻出口腔中再度咀嚼消化。

因此，为了容纳可以反刍的胃，它不单只是鼻子大，连肚子也很大。观赏长鼻猴生态，婆罗洲巴哥国家公园的热带红树林是很适合的地点。但是近年来的海滨开发使得红树林逐渐消失，长鼻猴已在 2000 年被列为濒危生物。如果再继续破坏它们的栖息地，那以后我们就再也见不到这位"大鼻子爷爷"了。

○ 长鼻猴居住在热带红树林中（摄影／官佳岫）

○ 食虫植物——猪笼草（摄影/陈可萱）

山神的瓶子

第一次登依娜丝山，每天都行走十二个小时以上，肩上的负重犹如背着一个五岁小孩。如此坚持，就是为了一个目标：山神的瓶子——猪笼草。猪笼草从叶子末端长出膨大的捕虫笼，那是它独特的吸取营养的器官。捕虫笼呈圆筒形，下半部稍膨大，因为形状像猪笼，故称猪笼草。

猪笼草是种很有个性的植物，水分不够，不长；污染严重，不长；受到干扰也不长。在野外，必须到不受干扰的净土才能觅得。向导说，平日里这片雨林杳无人烟，只有这样的荒地才能长出满地的漂亮瓶子。

树顶传来的笑声

"呜～呜～呜～呜呜呜呜嘎嘎嘎嘎嘎哈哈哈哈哈哈哈……"原本缓慢拉长的叫声，慢慢变成高频率且快速的笑声，到底是谁在树上大笑？它就是马来西亚雨林中极大型的飞鸟，长着巨型的鸟喙，像犀牛头上的角，因此有个美丽的名字，叫作犀鸟。

犀鸟是一夫一妻制，从配对之后就非常有默契。雌鸟在树洞中产卵后，会将洞口封起，仅留下一个能让嘴巴尖端伸出洞孔的小孔，以接受雄鸟寻回的食物；而雄鸟会在雨林中穿梭觅食，直到幼鸟的羽毛渐渐长齐后，才掘开树洞封口，与雌鸟共同教育幼鸟的飞翔及觅食技巧。

○ 婆罗洲雨林的巨型鸟类——犀鸟（摄影／李秋云）

○ 森林中的老虎脚印（摄影／陈可萱）

行走在森林

行走在森林里，我们总是对土地上的痕迹着迷，去推测这里所发生过的故事。

"快看，这里有脚印！""哇，看来你发现宝贝喽！这是马来亚虎的脚印。"我们穿越的森林地处马来西亚北边，在此出现的老虎属于马来亚虎，是体型非常小的老虎亚种，有橘黄毛色与黑色条纹，体重可达 120 千克。它们以水鹿、麂子、野猪为主食，由于猎物分散，所以需要相当大面积的森林才能养活一只马来亚虎。

这几天，我们行走在原始雨林：追踪老虎、大象和马来貘的脚印；看见从头顶飞过的九只犀鸟；听到百眼雉鸡的高歌与老虎的低鸣；与满山的龙脑香、棕榈、壳斗科和猪笼草共舞；学习山林知识与野外技能；每天六七个小时的重装行程……雨林的精彩在旅程中一览无遗。

告别雨林只是一个开始

飞机起飞，我们渐渐远离马来西亚，从高空中望下去仍是一片绿意，但我的心却很纠结。这片绿，不是原始雨林，而是砍伐森林之后种植的经济作物——油棕榈。这样单一作物的种植区，不再是动物的家，而是一片死寂。

东南亚的原始雨林，很大一部分已被开发，那是全球人类活动以及经济发展下的后果。我们所使用的烹调油、洗发精、保养品、药品、生质柴油等，大多由便宜又稳定的棕榈油制成。我们的日常生活与雨林破坏息息相关，而这些破坏对全球气候异常、生物接二连三绝种又有极大的影响。

为此，我们所能做的就是参与环保行动、购买环保产品，并且珍惜身边所有的资源，这就是最直接的保护！

◎ 雨林居民划着小船到上游去（摄影/陈可萱）●

◎ 河边的雨林聚落（摄影/陈可萱）

雨林摄影攻略

撰文 / 李秋云

　　当人们行走在热带雨林里，自然界中许多细微的变化都会引人驻足。此时，人们除了仔细观察之外，还希望能将雨林的一切记录下来，来日回味。而摄影，就是一种定格美丽瞬间的方式。

○ 枝头上的蛙－由下往上拍摄的手法，能将生物独特的气质表现出来，这是属于蛙类独特的霸王气质

雨林摄影第一步：慎选好器材

只要买对器材，即使是傻瓜相机也能拍出好照片。面对热带雨林细微又丰富的生命，"大眼睛相机"即是首选，虽然它的镜头无法更换，但迷人的"大眼睛"在夜间观察与超微距摄影时，都能显现其专业之处。

这里提到的"大眼睛"，就是相机拥有大光圈的意思。光圈在摄影技巧上非常重要，光圈的大小即代表进入相机内的光线多寡：光圈越小，能允许进入相机的光线较少；反之，光圈大，进入相机的光线则会越多。掌握好光圈，就能初步掌控影像在成像过程中的明亮与暗淡。在夜间摄影时，光圈过小的相机会因光线不足而无法对影像产生聚焦效果，造成影像模糊，甚至无法顺利按下快门。

因此，除了搭配相机的闪光灯、手电筒的灯光外，拥有一台大光圈的相机则有更多记录清晰影像的机会。我所使用的大眼睛傻瓜相机可以达到 f /1.8 的光圈值，让更多光线进入相机中成像，这在热带雨林中进行超微距摄影是一大优势。

○ 视线互相交缠的观察者与人面蜘蛛，究竟是我们在看它们，还是它们在看我们

知识链接：

光圈值，是镜头的焦距/镜头通光直径得出的相对值(相对孔径的倒数)。例如针对50mm的标准镜头而言，最大的通光直径为29.5mm，其最大光圈的计算值为50mm÷29.5mm=F1.7，这样就能够理解同一变焦镜头在不同的焦距下，虽然最大的通光直径相同，但是换算之后其最大光圈是不同的。F值越大，光圈越小，反之，F值越小，光圈越大。

○ 树蛙在叶片上的剪影（若将上方的阳光或手电筒灯光入镜，常常能形成漂亮的剪影）

雨林摄影第二步：培养"三只眼"

有了好器材之后，还得拥有好眼力，包括：警觉的眼力、观察的眼力和进行构图的眼力。热带雨林中有许多难以捉摸的危险，警觉的眼力即是注意自身安全的能力。

记得有一次在野外做生态观察，我的手不小心碰到叶片上的毛毛虫，接着我的手掌立刻红肿起来，掌心又痛又痒，于是我赶紧用溪水冷敷，过了许久才缓解。此后，每当进到森林，我的眼睛便瞬间明亮起来，再也不敢对大自然中的小细节大意了。

除了注意安全，能察觉一草一木的细微变化，也非常重要，即观察的眼力。在森林中摄影，我们要学会东张西望，时而翻查叶子背面寻找虫卵；时而注意溪流边的青蛙与蝌蚪；时而靠近树干检查上面是否有拟态的生物。学会观察，是生态摄影中非常重要的一点。

继而就是进行构图的眼力。从不同角度拍摄，每种生物的表情和气质会不一样，并且不同目的的拍摄，所采用的拍摄手法也会不同。若是为生物拍摄物种鉴定照片，需尽量以90度的垂直、水平及正面的角度拍摄，还需附上钱币或手指做参照的比例尺；若是拍摄唯美的大自然照，就要以光线、生物的姿态及想要表达的生物气质作为考量。

雨林摄影第三步：
轻快狠准

在做自然观察时，最重要的就是轻声细语。因为动物与昆虫往往害羞又灵敏，任何风吹草动都有可能会吓跑它们，唯有将声音放轻、脚步放柔，甚至停驻下来。

带着尊敬的心去感受森林，才有机会在大自然中发现惊喜。当发现想拍摄的生物时，必须快速拿起相机，使出用相机代替枪来打猎的狠劲，进行精准对焦。因为大自然的瞬间从来不等人，每个片刻都会倏地消逝。

○ 抚摸（尊重大自然，它们就会回馈予你所给予的）

暑热的伏天 生命在成长

撰文 / 阿蒙 绘图 / 猫小蓟

夏至过，小暑迎。七月是万物生长最快的一段时期，一切都显得生机勃勃，富有活力！小暑末，大暑湿，大暑是一年中最热的节气，七月末雷雨过后的天气，短暂微风里透出的热已经让人汗湿衣衫了。同时，小暑大暑期间雨水多，俗话说，"小暑大暑淹死老鼠"指的就是这个。这不，午后的天边，云朵儿开始堆砌，说着说着，雷雨就来了。

在荷塘边的芦苇秆上，一只灰头土脸、满身泥色的小虫子悄悄地趁着月光爬上枝梢。它扭动着身体，时不时地弹起后腿，仿佛这一身硬甲已不再合身，便要丢去一般。小虫六足着定，找到了它满意的稳固茎秆，仿佛一下子那种不适感突然消失，沉默得如夜的垂幕。

良久，它背上的甲壳裂开，里面撑出了新鲜的颜色！沉默的小虫身体，所有的颤动和爆发力都集中在了那条裂

○ 茉莉

○ 葫芦花

口上，裂口撑开，新鲜而又柔软的身体渐渐从旧躯壳里脱出。先是眼睛，而后是玲珑的头，而后是前足、后足……一只柔软新鲜的虫子，就这样弯腰倒挂地从躯壳里挣脱出来，从它新鲜的颜色和躯体，还看不出它是什么。

突然，它弓起身子扬起头，用脱出的六足捉住旧壳，然后把脱出的躯体快速地悬挂在夜的微风里。风儿吹干它的长翅，它的肚子也渐渐伸得细长，在拂晓来临前，一只漂亮的蜻蜓，静静地趴在它儿时的躯壳上，等待第一缕阳光。

月光如水，轻轻地洒在院落里。院落中的瓜架上，葫芦花在月光下显出几分妖娆。在被月映出银光的叶丛里，葫芦伸出长长的花梗，探出可以在月光里发亮的白色花朵，去勾引扑扑的飞蛾，于是，这"夕颜花"的名字便被它摘得了。

○ 黄蜻

大暑看朝颜

"颜如舜华"的木槿，会在太阳初升的时候，绽放出美丽的花朵。木槿的花朵鲜艳，在花心里会有如胭脂一样的润色，宛如佳人的腮红，于是，古人说的"朝颜花"，就是指这种迎暑盛放的花儿。

木槿花儿可以作为食物。清晨摘下它的花瓣，切成细丝，可以调制爽口的小菜，或者是放在冰粉里做点缀，粉红的颜色，带着些许润滑的口感，让人倍感清爽。

暑天的热气叫醒了树上的知了，太阳当头，这知了却吵闹非凡。在田埂附近的粗大树干上，或者庭院菜园边的土埂墙壁上，一只只淡绿色的蛹用一条条细丝稳稳地挂着。这蛹，是热爱白菜甘蓝的小个子菜粉蝶的蛹，它碧绿色三角形的身体喜欢硬挺挺地在光滑的墙上做杂耍。

○ 菜粉蝶

○ 木槿

○ 紫茉莉

和初春人们看到的菜粉蝶的暗灰色越冬蛹不同，夏天的蝶蛹是绿色的，个头也比越冬蛹要大一些。初夏，饱餐肥厚的肉虫会在艳阳来临前化蛹，经过 20 天左右的蛹期，这种小蝴蝶会躲避盛夏的炎热而选择在初秋羽化，这样，可以赶在秋菜生长的时候产卵。

伏天里，午后的热气已经难以抵挡，人们大多在家里等待太阳下山。终于，太阳在西山薄暮中收敛起最后的阳光，孩子们也跑出瓠子架下的阴凉，在院子里躲猫猫，而在他们愉快的欢笑声中，被称作"晚饭花"的紫茉莉开放了，这也预示着晚饭该到了。紫茉莉生得浓艳，开花却在日落黄昏，颜色艳丽的花朵最惹得虫儿们喜欢，它招惹的不是蜜蜂，而是各种长喙的蛾蝶。"晚饭花"开的时节，离立秋也不远了。

橡胶林边的蝶舞蜻飞

文图 / 陈尽

　　提起"橡胶林"，人们自然联想到云南西双版纳，以小河为界，在橡胶林与原生林的交错地带，却意想不到地造就出一个蝴蝶、蜻蜓时装秀的 T 台，相比于遮天蔽日的热带雨林腹地，这些"模特们"仿佛更喜欢阳光明媚的橡胶林边，尤其在一块不以为然的弹丸之地里。

○ 橡胶林边，群蝶的舞池

探访橡胶林

○ 隐条斑粉蝶"临水梳妆"

谷雨刚过，立夏来袭，西双版纳的炎热度一天胜似一天。若查看这里当季的卫星地图会发现，这个时节的橡胶林与天然雨林皆郁郁葱葱彼此不分，与冬季寂寥的橡胶林和常绿雨林的泾渭分明完全不同。

行至胶林边开辟的小径，深感无雨林中山蛭（俗称旱蚂蟥）之痒，也无瘴气之忧……一侧是密不透光的雨林，而另一侧则光影斑驳。风中夹杂着一股轻微刺鼻的酸腐味道，对胶农来说，这正是金钱的味道。随着气温升至 30℃，胶农们白天的劳作也趋于结束，一辆辆轰鸣的摩托载着生活的希望陆续离开山林。

偶遇"蝴蝶泉"

　　晌午时分，清晨的温和阳光早已变成炎炎烈日，棕背树蜥迅捷的动作带起如硝烟般的灰土，对橡胶林的厌恶在我心中油然而生，莫非这就是所谓的雨林沙漠？正"热"字当头时，不远处的一片香蕉林解了我的燃眉之急。相比橡胶林来说，蕉林可谓是"绿洲"了。我在宽大的蕉叶下稍息片刻，忽闻潺潺水声，地上的眉眼蝶提醒着我，此时正值蝶类繁殖前补充盐分的时节，也许水边会有类似蝴蝶泉的盛况出现。于是裸露的河滩成了我的重点搜寻地。

　　本以为这是条一步即可跨过的小溪，但行至水边才知深浅。宽敞的小河沿山体蜿蜒曲折，如界河一般将原生林的轮廓勾勒得十分清晰，然而山回路转间，又流至胶林腹地。就在这两林交界的河滩上，一块暴晒的滩涂强烈地吸引着我。

　　只见近百只蝴蝶密密麻麻地伏于车辙印边，如饥似渴地吸吮着"甘露"，难以置信的是，这里聚集的蝴蝶竟然多达 30 余个种类。

○ 群蝶"T 台秀"

各色蝴蝶粉墨登场

狡黠的斜纹绿凤蝶将自己宽大的翅膀摊开，如此便能于蝶群中独占较大的吸水空间，反正毒辣的太阳对它近乎白色的翅膀功效甚微。而其他"浓妆艳抹"的蝴蝶——黎氏青凤蝶、客纹凤蝶、大绢斑蝶、锯粉蝶等，只能竖起翅膀将体积收缩以免被晒蔫。青凤蝶在吸水时，还不时地拍打翅膀，看似很欢乐实则早已热得够呛。小巧的红秃尾蚬蝶与银线灰蝶则远远地躲在一旁，只有羡慕的份儿。菜粉蝶个头比灰蝶大，但还是挤不到最有利的位置，于是想出游击的战术，这儿落一时那儿歇一刻，见缝插针。正当我将取景框对准一只非常难以接近的绿凤蝶时，心里暗喜这次可算逮个正着了，可万万没想到快门竟然慢了几秒，对焦的绿凤蝶被两只菜粉蝶抢了风头，成了名副其实的"无头

○ 斜纹绿凤蝶

照"。就这一惊，"绿凤"仿佛发了声喊，率先振翅腾空，一呼百应般，群蝶戏水的缤纷场面便烟消云散了。

群蝶虽散但魂不散，数只蝶不

○ 吸水的青凤蝶

一会儿又飞落在河边，这反而成了拍倒影的好时机。据说野生动物畏惧两条腿的生物，一旦人用四肢爬行的方式前行，则更容易接近它们，于是我开始实验起此招是否灵验。

我匍匐着腾挪前进，似蜗牛的步伐，虽然狼狈了点，但是镜头中的粉蝶果然没被惊动，仍然一丝不苟地用虹吸式口器吸吮清凉的河水，如同优哉地享用着一杯冰镇可乐。

春蜓与弓蜻的霸气表演

不一会儿，我的视线又鬼使神差般地飘至一旁的石块上，当中正伏着一只少见的"日春蜓"。就在我抓拍春蜓的时候，下意识地感到有"大腕"疾驰而过，带着一种来者不俗的气息。片刻后，又见那幽暗的家伙飞

○ "抛媚眼"的日春蜓

○ 准备点水产卵的弓蜻雌虫

来，沿着岸边背阴处贴水而行，一趟接一趟也不见悬停。比较蜻蜓中的各类群，于此生境中具有如此高难度飞行技能的只有"弓蜻"了。

我用了广角盲拍手法追踪拍摄，因广角的景深较宽，可能在 5 厘米范围内都是清晰的，一旦物种进入此范围，就能拍摄出清晰影像。我

先手动调好估算的焦距，然后以较低的角度埋伏于其飞行轨迹旁，待其进入可摄范围时就不住按快门。

不知从哪儿飞来一只与刚才所观察种类体色相似的雌虫，它正忙碌地点水产卵，其飞行动作极不稳定且上下抖动，这让一直盯着镜头的我直犯晕。然而雌虫似乎未发现伪装好的相机正不断接近埋伏点。是时候拍摄了，它在相机旁逗留了足有两分钟。这时候，迂回巡逻的家伙又来了，只见它在极短时间内将这雌虫按于水中，又熟练地用腹末端的肛附器夹住雌虫头部，接着腾空而起飞向了树高处。原来它俩是一对，不知情的还可能误认是争斗，整个过程一气呵成，却可惜"盲拍"的方式并未记录得很清晰，仅从近百张中挑出一张飞行的雌虫略为称心，从其黑黄相间的斑纹及略带金属光泽的体色，综合其习性推测，确为弓蜻无疑。

蜻蜓的惬意生活

除了霸气外露的春蜓和弓蜻，河边还有许多不俗的蜻蜓种类。华艳色蟌神采奕奕，后翅展开的那一幕令人难忘。两只三斑鼻蟌找了个静僻处，为领地之争一决高下，但意想不到的是它们的决斗方式竟然

○ 携妻潜水产卵的赤斑螅

是舞蹈。紫红色的晓褐蜻已进入繁殖期，数只雄虫常常围攻一只雌的，面对个个竞争者的华丽着衣，估计雌虫也挑花了眼。与晓褐蜻同出一门的庆褐蜻雄虫，此时早早占据了领地，却迟迟不见雌虫来，炽热下为了降温，将腹部高高挺起，时而摇下脑袋，仿佛孤芳自赏地进行体操表演。带着雌虫产卵的赤斑螅为防止其他雄虫前来骚扰，居然让妻子憋气潜水产卵，而自己露于水外，此举虽有不妥但情义犹存，不似透顶溪螅雌虫孤独地自个儿潜水产卵，也不见雄虫去哪逍遥了……有趣的是，蜻蜓们对"T台"的利用似乎比蝴蝶更井然有序。

雨中奇遇

　　暴雨突袭而至，我竟浑然不知，记忆中的蕉林成了我的救星。然而，这里不仅是我格外美好的庇护所，还有和我同病相怜的"隐形杀手"——"将帽子戴在背上的侠客"宽菱背螳。

　　初见其时，几乎令我往后退了一步。因为它刚巧在我的背上方饥肠辘辘地盯着我，那气势伴随着低沉的雷鸣声，犹如一位立于沙场威风八面的将军，不过它就是只螳螂，纵使再霸气外露也不过是"螳臂当车"罢了。相视一番后，它终于变成一位虔诚的"祈祷者"，眼神也和善许多，甚至还带着些许害羞。

　　雨歇了。再次行至河滩，"T台"被雨水冲走了，只有零星的蝴蝶如散兵游卒在岸边泥石滩继续补充矿物质。一只正贪婪吸水的白带鳌蛱蝶进入我的目光，只见逆光下，它身后的光影斑驳，甚为梦幻。

　　自偶遇玉斑凤蝶出双入对后，我又找到针尾蛱蝶的群聚处，果然被我撞到窃窃私语的"小夫妇"。傍晚时分，它们成双成对聚在一起，享受一天内最后的美餐。尤其两只文蛱蝶，在小河畔久久不肯离去，也许它们已在橡胶林下的灌木丛中找到了新家。

○ 祈祷的宽菱背螳

○ 沉醉其中的白带螯蛱蝶

橡胶林与生态平衡

　　云南西双版纳充沛的雨水、良好的植被覆盖和以赤红壤、山地红壤为主的土壤条件，使得这里拥有适合天然橡胶树生长发育的绝佳条件。然而，如果人工大面积种植橡胶树，会造成植被稀疏且树种单一，导致生物多样性减少，从而使得山

区林地蒸发量增多，地表径流增多，下渗量减少。久而久之，山林水源涵养能力逐渐下降，干旱、洪涝等生态灾难就会接踵而至。因此寻找经济效益和生态效益之间的平衡，成了当地人民的共识。

看着这些美丽生灵优哉游哉的身影，我也改变了自己对橡胶林刻板的印象。在人工林与原生林之间，竟然有这么一个美妙的小天地，着实让我这样的自然学者颇感欣慰。人们在追求生活品质和尊敬自然两者之间，找到一个平衡，于人类于自然都是一件难得的幸事。

○ 相依相偎的文蛱蝶

033

如何拍好飞虫的"身份证照"

文图／陈尽

拍摄好动静两相宜的飞虫，是技术的比拼和耐性的进阶，停驻的昆虫好抓镜头，而飞行版的昆虫给人以最真实的生态感受，如何拍好飞虫的"身份证照"，昆虫专家有话说！

器材比拼

拍摄昆虫推荐使用单镜头反光相机（简称"单反"），这种相机机身有"全画幅"与"半画幅"之分。虽然"全画幅"相机画质卓越，但拍摄警惕性颇高的昆虫如蜻蜓、蝴蝶时往往力不从心，不仅主体在画面中所占比例偏小，而且剪裁照片后还会发现主体色彩不准、焦点不实等问题，其根本原因就在于离得不够近。可是靠近拍摄又容易吓跑昆虫，这时方能体现"半画幅"机身的长处，因为它能使你的镜头焦距增加 1.5~1.6 倍（根据相机品牌不同，增倍系数略有不同）。如此，我们便能在距离较远而不惊扰昆虫的条件下，拍出较大主体的照片。

○ 针尾蛱蝶

耐性进阶

○ 狭腹灰蜻悬停于赤褐灰蜻身上

摄影时，如果发现大型昆虫，切忌迅速移动。而以爬行方式接近，而且能有效降低对被摄昆虫的惊扰。总之，越有耐性就越能提高拍摄的成功率。若不慎惊动了停落的飞虫，也不必急切追赶，保持原地不动，过不了多久，它还会飞回来的！如果你运气好，没准还能遇到飞虫停栖于身边，这时候就是拍摄其复眼或局部特写的绝佳时机！

拍摄飞虫，守株待兔不失为拍摄的上佳策略，蹲守时间越长，越能获得拍摄机会。如果处于低海拔地区，得随时做好汗流浃背的准备。没准就能拍出唯美或富有戏剧性的画面，如某蜻蜓会把另一只蜻蜓误认为石块或树枝，而悬停于其身上。

掌握焦平面与景深

由于飞虫之美多体现在其翅膀上，一张理想的蜻蜓或蝴蝶的"身份证照"，则偏好侧面或背面照为佳。拍摄主体必须从左至右或从上到下保持清晰，这就要求拍摄者准确掌握焦平面，在取景框里仔细观察对焦所处的平面是否保证了昆虫的头、胸及腹皆清晰，若没有，则需做同轴轻微的水平转动。换言之，就是使相机的对焦平面与飞虫的身体侧方或背面保持平行，而且务必防止相机抖动。有时甚至拍摄者的轻微呼吸，都会影响图片的清晰度，

○ 同距离不同光圈下的景深对比，下图 ● f/14，上图f/8

所以必要时，拍摄者应长吸一口气屏住呼吸拍摄。若还没练就出"铁手功"，建议使用三脚架进行稳定。

提起"景深"，人们自然会与"光圈"联系在一起，因为光圈的大小决定景深的宽窄。由于飞虫身体表面并非平整如纸张，所以得用小光圈如 f/11-f/16，以获得较宽的景深，只有这样才能容纳下昆虫的整个侧面或背面。值得注意的是，太小的光圈微弱的进光量也会使画质下降。若拍摄较大昆虫的全身照，则可选择 f/5.6-f/8 的大光圈，这样能营造梦幻的光斑及减少画面的噪点。

技巧修炼

飞行版的昆虫给人最真实的生

TIPS: 特别提示

景深除了与光圈有关，还与拍摄距离关系密切。若拍摄时距离昆虫较远，则会拥有非常宽的景深，主体与环境分离不明显，使得照片无表现力。若离得很近，则景深会很浅、很窄，无论手动还是自动对焦都很困难，假如拍摄高倍率放大的微距照片，稍不留神就虚了。

态感受。这时候，拍摄者最好采用传统的手动调焦，以快门优先模式为主设置，速度一般达 1/500 秒，拍摄焦段以 200~300 毫米为佳。

对于蜻蜓的拍摄，寻找蜻蜓的慢速飞行期成了飞虫爱好者的必修课。若摄影者突然出现在蜻蜓面前，某些种类会迅速起飞并做短暂的悬停，因此可预先调整好参数后再靠近，否则良机转瞬即逝。多数蜻蜓点水产卵或雄虫沿溪流寻找配偶时，会出现小范围稳定的飞行轨迹，这时可采取像运动员"打飞碟"点射的方法抓拍，或在其必经点放置广角相机进行盲拍，总有一定概率获得清晰的影像。

相对于拍摄飞行中的蝴蝶拍摄起来则难许多。蝴蝶的飞行姿态似波浪状上下运动且较迅捷，甚至在滑翔时也如此，非常考验人的预判力。只有在蝴蝶访花时，它们的速度才会变得缓慢，因此，在蜜源处等待，成了拍摄蝴蝶飞行的最佳时机。使用广角或鱼眼镜头贴近盲拍，会有较高的成功率，否则只能用碰巧、运气来形容了。

○ 同光圈不同距离下的景深对比，上图拍摄距离约 2 米，下图拍摄距离约 1 米

◯ 醉鱼草上的青凤蝶和玉带凤蝶

湿漉漉的
梅雨季来啦

撰文·绘图 / 任众（资深自然笔记达人）

　　每年 6 月中旬，长江中下游地区的梅子黄熟落地时，就会迎来湿漉漉的雨季，这就是"黄梅"。梅雨通常会持续一个月左右。连绵不断的雨水伴着潮热的空气，让植物的枝叶逐渐变得成熟坚实；平时总在落叶下、泥土中躲避太阳的蛞蝓们，堂而皇之地爬出来招摇过市；雏鸟们已经长成，壮大了捕食昆虫的队伍。各种新生命在雨水的滋养下开始蓬勃生长。

黄梅天的天空总是阴沉沉的，空气潮湿、闷热异常。人像在蒸笼里一样闷得透不过气，胳膊上的汗珠仿佛总是黏在皮肤上散不去。这时候，家里给人的感觉也是湿乎乎的，很多东西都容易长出绿毛，地板瓷砖也常像刚拖过似的。

黄梅天里的明朗

不过，在黄梅天，也有很多让人精神振作、心情明朗的事物。美丽香甜的白兰花和栀子花大多集中在这雨季开放。地铁站口，常有老奶奶手肘上挎着小筐，筐里垫着一块深普蓝色的土布，上面并排码着一串串白兰花；有时，是堆着束成小扎的栀子花，花色洁白润泽，香气四溢。路人皆忍不住寻香望去，可终究禁不起诱惑，蹲下身挑两只，招惹来的不仅有小姑娘，还有一些四五十岁的中年妇人。

我也曾光顾这些花儿，把它们挂在胸前的纽扣上，软绵的香气便一阵有一阵无地开始撩拨着我。令人神清气爽的一天过去了，白兰花的花瓣半张开着，有些虽已经萎黄，但香气不减，我总是稀罕地把它们置于床头，希冀那幽香入梦，清甜好睡。

雨天的间隙，小蜗牛们频繁出游；水塘里的螺蛳顶着绿藻爬上岸来；葱兰常会引来不速之客，它们体型较大的黑白相间，小一号的则呈黄褐色，那是葱兰夜蛾的幼虫……

丰沛的雨水还带来野菌的清香。雨后的树下，蘑菇丛生，每每看到它们，总恍若那伞盖下藏着一个个小小的童话世界。

合欢花开始络绎不绝地吐丝绽蕊了，只是一场场瓢泼的大雨，把它每日新开出来的花都浇得攒成一绺一绺的了。难得雨歇了歇，合欢花就一改落汤鸡的狼狈，明媚地笑了，仿佛粉嘟嘟的小脸，轻松的样子极招人爱。

○ 雨后的野菌

○ 石榴

黄梅天里的果实

枇杷果已经过季了。前些天它的果实还黄澄澄地缀满一树，惹得鸟儿们呼朋唤友、成群结队地来树上大摆宴席。只两天不见，树上已是空空如也。

杨梅正当时令地成熟了。树上密密匝匝鲜红诱人的果实，熟得都已自行溢出了汤汁，成群的鸟儿在枝间撒着欢儿地啄食。银杏树也早早就挂满了累累硕果。这些果实又大又密，披着一层白霜，沉甸甸地缀弯了枝头。

春天开出火红重瓣花朵的石榴树也结果了。明知它只是观赏性的品种，果实不会如初秋时市场上卖的可食用的大石榴那般硕大甘甜，但每每看到它孕育着一肚子石榴籽的圆滚滚的身材在日益增大时，我仍满心期待着，期待着它长成又大又红又甜并咧开嘴笑着的样子，仿若年画上常见的喜庆。

这时候，柿子树结果了，但还是青涩的模样。而火棘的果已经成串成串的了，有趣的是，它仍花开不断。南天竹的果实也挂满了枝头，它是要等秋天来到，与火棘、枸骨冬青竞相火红呢！

黄梅天里的花草

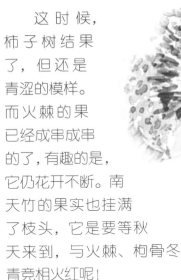

人工草皮被园林工人频繁修剪，但没几天就又长得绿油油的了。

而在市郊的湿地，水面有一半已被红绿相间的红萍覆盖了；沿岸的荷花、睡莲陆续开了；芦苇抽了穗出来，随风荡漾着，煞是好看。

湿地水边，千屈菜愈加粉红，梭鱼草开出了蓝紫色的花。蓼科植物扛板归依附着灌木径直向上攀爬，它没有弯弯绕的藤蔓，而是靠茎上的倒刺努力固定着自己。

一年蓬装点着湿地的草坡，现在，它是许多小虫儿们约会的场所。它的花上，常群聚着蜷若，还有三三两两的小灰蝶常来串门。

○ 醉鱼草上的小粉蝶

041

○ 红蜻和玉带蜻

护自己的领地，玉带蜻忙着追求配偶，热闹非凡。醉鱼草的花渐盛起来，吸引了各种蝶蛾，其中也包括常被人误作蜂鸟的透翅天蛾。它采食花蜜时，会将两前足搭在花上，长长的喙探入花心，翅膀一刻不停地扇动着，使身体悬停于半空中。

若是细心观察，你会发现，鸟蔹莓上常有螳螂的若虫。广斧螳此时身长才 2 厘米左右，却翘着屁股很张扬的样子，相较之下，显得低眉顺眼的大刀螳，此时身长却已有 4 厘米左右。等到两个月后，它们都会以全新的"面目"示人：届时，它们已长到七八厘米长，体型强健硕大，却能完美地隐匿于花间"狩猎"，成为大多数昆虫惧怕的"杀手"。

黄梅天里，青蛙蟾蜍的孩子们也长大了，很多青蛙潜藏于岸边的草丛里。如果我们的脚步声不小心

黄梅天里的动物们

随着气温的攀升，许多昆虫开始大摇大摆地现身了，享受这短暂却火热的夏天。

湿地边，红蜻不停地巡飞，看

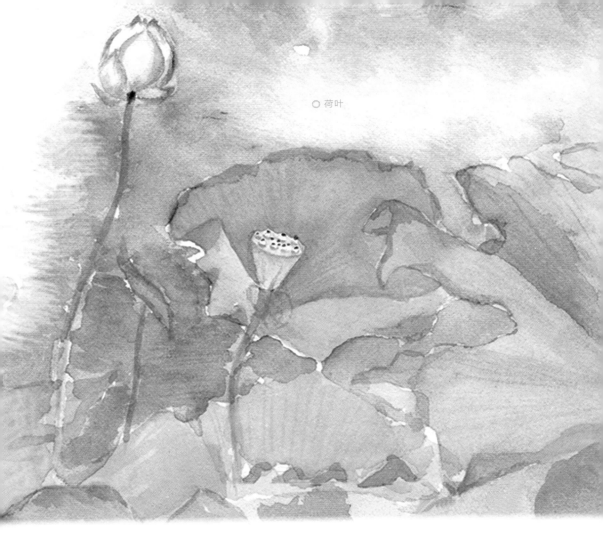

○ 荷叶

惊动到它们，它们就会来个三级跳，跟头把式地蹿入水中躲起来。除非它们逃到荷叶上，我才得以一睹尊荣。这时候，白鹡鸰的幼鸟也都长大了，已能独自飞出来觅食。

　　到了 6 月末，通常都能听到这个夏天的第一声蝉鸣。蝉声一起，便预示着火热 7 月的大幕拉开……

○ 白鹡鸰

三原色战斗机
——蓝喉蜂虎

撰文／周权　摄影／周权　张锡斌

　　在湖北省大别山区有这样一个地方，众多的摄影爱好者为之神往，我国台湾、香港等地区甚至国外的摄影师每年都会聚集于此，只为寻找一种"中国最美的小鸟"。

寻觅：三原色战斗机

○ 两只斗嘴的蓝喉蜂虎（摄影／张锡斌）

蓝喉蜂虎为蜂虎科蜂虎属的鸟类，夏季繁殖于中国湖北及长江以南地区；喜近海低洼处的开阔原野及林地，繁殖期群鸟聚于多沙地带。其通体以红、绿、蓝三色为主，头顶及上背呈栗红色或巧克力色，过眼线黑色，翼蓝绿色，腰及长尾呈浅蓝，下体浅绿，以蓝喉为特征，极具观赏价值，故被誉为"中国最美的小鸟"。

我们此次出行的目的地位于湖北省红安县七里坪镇，该地位于大别山南麓，与河南新县交界，是湖北省的红色旅游名镇，诞生了多支红军主力部队和百余名共和国将领。为了拍摄到较好的鸟类照片，我们选择在日出前赶到目的地。

◎ 大别山腹地的风景（供图 /FOTOE）

○ 蓝喉蜂虎的生境

到达七里坪镇，向河南新县方向走上一条沿河小路，便可以在沿途的电线和枯枝上看到我们要寻找的美丽鸟儿——蓝喉蜂虎。可是此时距离鸟儿较远，拍摄效果不好。

于是我们继续沿河岸前行，看到一条蜿蜒的小河，河岸沙地与草地交错，偶尔会看到在枯枝上停歇着成群的蓝喉蜂虎，有捉虫献殷勤的，亦有表演特技飞行的，还有一些则是在枯枝上到处观察警戒。

拍摄：一切准备就绪

找到蓝喉蜂虎的栖息地，下一

步就是要按照光线、环境来做伪装，并确定好拍摄目标的区域。（注：大部分鸟类活动都集中在晨昏时期，即日出和日落时鸟最好动）

做伪装、搭迷彩帐篷、穿迷彩服都必不可少，在必要的情况下，还需将相机镜头包裹上迷彩的"炮衣"，以期将鸟儿的警惕性降

到最低，拍摄时才可以越靠近。

接下来，是拍摄区域的选取。蓝喉蜂虎喜爱在草坪沙场活动，而为了警戒的需要，它们常常站立于较高处，可草坪上很少有制高点，所以我们可以人为搭一个枯枝，位置只要方便蓝喉蜂虎观察周围环境即可。此外，枝的粗细也要根据它

们的习性，选择直径1厘米左右的光杆树枝、有横向的分叉为宜，鸟儿站上去会比较舒服。

在还未伪装好的时候，轻易地按动快门很有可能由于快门声和镜头的轻微移动将它吓跑。一旦此时有人暴露，鸟儿惊吓飞走，就可能几个小时甚至一天都不再来这个树

○ 在拍摄蓝喉蜂虎的同时，偶尔还能看见星头啄木鸟的身影（摄影 / 周权）

枝，所以不能轻举妄动。

第一只蓝喉蜂虎往往起到探路者的作用，当它舒服地站上树枝之后，就会开始放松起来，它欢快地鸣叫、扇动翅膀来吸引其他同类前来，不多时，树枝上就站满了蓝喉蜂虎，还有不少凑热闹的鸟儿也往树枝上挤，即使站不上去也要在旁边飞舞。众多的蜂虎叽叽喳喳，热闹非凡，此时的相机快门声就不再会有威胁，拍摄时对焦准确，多次快速地按下快门就行。

这样的情景，可以一直持续到上午 10 点左右。如果是晴天，气温继续升高，鸟儿的活动就会逐渐减少，除了偶尔几只蓝喉蜂虎在水边嬉戏洗澡，其他大部分都飞到山上的大树附近歇息去了。

此时，帐篷内温度可能超过40℃，蒸笼一般的闷湿环境会使器材设备受潮，而且拍摄者也有中暑的风险，何况鸟儿几乎不会再回到原来的枯枝上，所以大家可以稍事休息或打道回府了。

了解：美丽的蓝喉蜂虎

蓝喉蜂虎在求偶、配对期过后，就成双成对开始在沙地上打洞——做巢产卵。由于蓝喉蜂虎的巢多为洞穴，且只有一个出口，为了抵御

温馨提示

选择拍摄区域，视野开阔为首要条件，其次才考虑摄影的美学需要。而设计拍摄鸟类的区域，首先要以鸟的舒适为第一目标，鸟的安全和保护为第一要务，其次再考虑拍摄清晰、效果好等方面的问题。

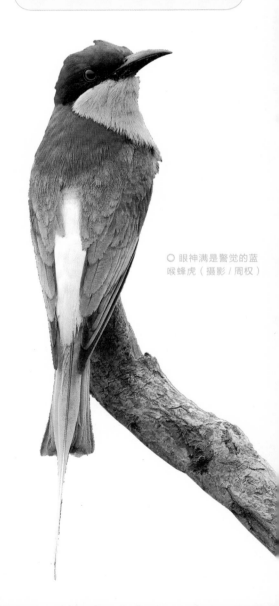

◎ 眼神满是警觉的蓝喉蜂虎（摄影／周权）

○ 野外的蓝喉蜂虎

捕食者堵住洞口危害生命，蜂虎一般会轮流孵蛋，一只在巢周围的高树上警戒，另一只在洞中孵化小鸟。一旦遇到紧急情况，树上放哨的蜂虎就会发出急促的警告音，配偶随之会飞出沙洞以求自保。

7月中旬，小蜂虎先后破壳而出，在它们生长发育迅速的时期，对食物的需求量特别大，成鸟则会不停地捕捉各种昆虫喂食，此时只需远远地将镜头对准洞口附近的树枝就能捕捉到它们的身影。这个时期虽然适合拍摄，却要注意切勿影响到哺育后代的鸟儿。有些居心不良的拍摄者，利用蜂虎喂食的习性将洞口堵住，让其无法正常喂食，

着急的蜂虎夫妇会口含食物在洞口附近不停地飞，为了拍摄到飞行的蜂虎而采取如此低劣的做法，着实令人憎恶。更有甚者堵洞时间过长，使小鸟在洞中闷死或活活饿死，导致蓝喉蜂虎直接弃巢，这种为达自己目的而不惜牺牲大自然生灵的做法，应当被人唾弃。

8~9月，是蓝喉蜂虎幼鸟逐渐发育长成、出飞的时期，此时的幼鸟食量增大，成年蜂虎每日捕食量也大量增加，捕捉的昆虫的体型也渐渐增大，捕食难度也相应有所提高。由于连续操劳，成年蜂虎的色彩已大不如求偶期的颜色，红色和绿色的羽毛逐渐变得黯淡。蓝喉蜂

○ 准备给雏鸟喂食的蓝喉蜂虎（摄影/周权）

○ 正在捕食的成年蓝喉蜂虎（摄影 / 周权）

虎的捕食非常有意思，假如捕捉团扇春蜓这类体型稍大的昆虫，它会快速地飞临到蜻蜓的上方，用长而尖的啄啄断蜻蜓的翅膀，待蜻蜓下落时，再俯冲飞行"接"住蜻蜓的身体，然后飞走。

在成鸟辛勤的哺育下，当小鸟长成之后，大鸟会故意将食物放在洞口，甚至放在洞口之外引诱幼鸟走出洞穴接触阳光。待小鸟羽翼长成，会直接从洞穴中飞出，不做一丝逗留和犹豫，它们将飞往附近的树上稍做休息，之后要开始随父母一起迁徙向南，回到赤道附近。

◎保护：爱拍鸟也要爱鸟◎

两年前的七里坪镇，是蓝喉蜂虎拍摄地和挖沙铲车作业相结合的地区，时常看到蓝喉蜂虎辛苦挖好的洞穴被铲车"一锅端"，而摄影爱好者们的到来，一方面与挖沙作业产生冲突，一方面由于车辆驶入河滩，在不经意中对蓝喉蜂虎的洞穴也造成一定程度的破坏，人类与鸟儿之间的不和谐时有发生。

近两年，发现最美鸟儿的新闻在全国传开，蓝喉蜂虎已在湖北省达到家喻户晓的程度，各地的鸟友疯狂前来拍摄，一度可以在七里坪河滩看到二十多顶帐篷、四十多支

观鸟拍鸟所用的"长枪短炮"。此时的挖沙作业依然在继续，动物生态的保护和当地的经济作业形成了激烈的冲突。

直到今年，我们再次探访七里坪，已经发现当地公路周围挂起了警示牌，提醒拍鸟人注意环境保护。当地政府也组织了林业局等相关职能部门，将蓝喉蜂虎及周围山区设置为护林区，严禁挖沙和砍伐作业。此时的七里坪，百鸟争鸣，为首的蓝喉蜂虎的数量也较去年明显增加，

并且对人类活动的警戒距离明显减小。政府采取的一系列措施，极大保护了生态环境和蓝喉蜂虎的栖息地。

就目前的情况来看，蓝喉蜂虎繁殖地的保护措施已经相对完善，喜爱拍鸟的朋友们依然络绎不绝，他们都想来此一睹中国最美鸟儿的风采。如今，科学观鸟、文明观鸟也逐渐变成对当地生态文化的一种宣传，有效地改善了地区建设与生态保护之间原有的紧张处境。

◎ 成年的蓝喉蜂虎集体保护暴露的小鸟（摄影 / 周权）

○ 蓝喉蜂虎飞离巢穴（摄影／奇异的恩典）

○ 绿喉蜂虎

知识链接:

绿喉蜂虎

　　绿喉蜂虎(学名：Merops orientalis)是佛法僧目、蜂虎科的小型鸟类，共有9个亚种。身长22~25厘米，翼展29~30厘米，体重15~20克。喉绿色，额部、头顶至上背为锈红色，其余上体均为亮绿色。中央尾羽延长且端段狭细，超过侧尾的长度为跗蹠的2倍长度以上；嘴细长而向下弯曲，为黑色。鼻孔裸露；初级飞羽10片；尾羽12片；体羽质密、正常且无纵纹；尾凸形，中央尾羽特形延长且端部形狭或尖削，翅长而尖。羽色艳丽，栖息于林缘疏林、竹林、稀树草坡等开阔地区，常单个或成小群活动。

爱鸟者拍鸟攻略

撰文／周权　摄影／周权　张锡斌

随着生活水平的提高，摄影爱好者大量增多，究竟怎样才能拍到满意的"鸟片"？通过哪些方式可以捕捉到好的效果？

○ 站在枝头的蓝喉蜂虎（摄影／周权）

国内外常见的鸟类拍摄方式

多年前，随着单反相机数码化的变革，鸟类拍摄在国外流行起来，开发出一系列鸟类摄影的拍摄方法。如匈牙利的著名鸟类摄影师本彩·马泰的制造水池拍摄方案、双面镜隐身拍摄方法；日本鸟类摄影师的一系列诱拍法，主要用于拍摄鸟类喂食和捕食。

现在，国内的摄影师也在效仿与革新，开发出一系列针对不同鸟类不同时期行为习性的拍摄方法。比如：根据繁殖季节的鹃形目等鸟类通过鸣叫占领领地这一习性，用

○ 捕捉蝴蝶的蓝喉蜂虎（摄影／张锡斌）

播放相应的鸟鸣声来吸引一些平常无法拍摄到的鸟类出现，这也是国内较为常见的拍鸟方式。当然，一定以不伤害鸟类为前提来进行。

相对的，有些拍摄方式是我们极力反对和抵制的。有些摄影爱好者在诱拍时将饵料用大头针穿插在树木之间，让鸟儿不容易吃到食物，而导致有些鸟连同大头针一起吃下，酿成惨剧。生态之美，美在自然和谐，为了一己私利导致被摄物的重伤或死亡，我们应该严厉抵制。

拍摄鸟类通常需要的器材

想要拍摄好鸟类的照片，所需器材大致如下：

关于镜头

如果有条件的话，拍摄鸟类最好以一台对焦和操作便利的全画幅单反相机为基础，镜头搭配尽量以大光圈超远摄定焦为宜。

一是超远摄镜头能将被摄体"拉近"，因为拍摄时哪怕是埋伏在离鸟类仅3米远的距离，有些品种的鸟依然很小，用常规镜头难以拍摄清晰；

二是定焦镜头有着变焦镜头无法比拟的细节表现和高速对焦性能；

三是鸟的习性常导致"有鸟无光，有光无鸟"的情况发生，大光

○ 蓝喉蜂虎

圈超远摄镜头（最大光圈 F4 或更大）可以减少不必要的高感光度 ISO 的使用；能做到细节清晰锐利、光线充足的照片品质。

关于快门

拍摄鸟类时，由于使用了超远摄镜头，所以在拍摄的大部分情况下，无需担心背景虚化的问题。

可是，因为鸟类的运动能力强、速度快，在拍摄体型较小的鸟类时，容易发生因快门速度不够而导致无法凝固细节姿态的情况，所以快门尽量保持在 1/1000 秒左右，少数情况如无风吹和枝条摆动的情况下，可以适当降低一档到两档快门（约 1/250 秒），如果遇到体积更小的鸟类，快门速度则需要更高才可。

关于灯光

通常，鸟类对于高速闪光灯的照射并不敏感，因为有些鸟类会以为那是闪电，所以并无大碍（前提是闪光灯要做相应的伪装处理，并且闪光输出不宜太近，否则能量太高同样会影响被摄体）。

而一些体型小的鸟类，对闪光的输出能量非常敏感，如雀形目山雀科的鸟类，这种情况则会惊扰到被摄动物，最好避免使用额外的补光工具。

独特的标本诱拍法

还有一种新的安全诱拍方式，实际使用率较高。

○ 正在绞杀苍蝇的长叶茅膏菜

大部分的鸟会根据其他同伴的试探来判断新环境（主要指有人为介入的环境）是否安全，是否可以在该区域停留。

以前在农村地区，常有人捕捉警惕性高的白鹭，会制作一个体型和白鹭类似的假体放在水边，人埋伏在附近，当其他白鹭看到有"同类"在该区域停留，就会感到安全并进入该区域。

从拍鸟上来讲，方法很值得借鉴。但是必须声明：依据相关法律法规，不允许这样的拍摄。除非科研需要，要办理捕猎证，并且标本也必须是合法制作的。

因本人工作原因，涉及接触与制作陆生脊椎动物标本，所以拍摄使用的"假体"都是华中师范大学标本馆的馆藏。将蓝喉蜂虎的标本放置在拍摄区域里，能够吸引经过的蜂虎鸟儿放松警惕前来驻足，有些鸟飞到拍摄区内会有鸣叫、梳理羽毛等各种悠闲的姿态，这对拍摄效果十分有利。我认为，这是标本鸟儿赐予的礼物。

此方法原则上亦可用于拍摄其他鸟类，当然前提是有相应合法的标本储备。喜欢拍鸟之人都是热爱大自然的人，此种方法绝不鼓励为获取标本而残害野生动物的做法，如有人在湖北省境内捕猎蓝喉蜂虎，将直接按照非法捕杀省级保护动物相应条款进行处罚。

本文重点介绍了单一一种鸟类的摄影，其实拍摄任何题材都不是眼见那般容易，需要付出才能有收获和回报，希望透过这些生动美丽的"鸟片"，能够唤起更多观鸟爱鸟朋友的生态保护意识。

○ 蓝喉蜂虎的标本（摄影 / 周权）

食虫植物的生存游戏

文图/吴双

　　在广西防城港的江山半岛，沿着北部湾的海岸线有许多沙质草地，就在这片杂草丛中，居然分布有六种食虫植物。中国有三个科的食虫植物，分别是猪笼草科、茅膏菜科和狸藻科，防城港海边草地的食虫植物属于后面两个科。

茅膏菜科食虫植物

　　某年夏天，我到防城港市江山半岛的白浪滩景区旅游，突然发现了一种像章鱼一样向周围伸出毛茸茸触角的小草。原来，它叫长叶茅膏菜，这些触角其实是它变异的叶子，上面长满了红色或白色的腺毛，每根腺毛的顶端，都有一颗亮晶晶的"水珠"。这些"水珠"很神奇，它既是黏液又是消化酶，当蚊子、苍蝇、蜡蝉等小昆虫碰到它时，就会被粘住，虫子挣扎时会触及更多

○ 长叶茅膏菜

○ 正在绞杀苍蝇的长叶茅膏菜

的腺毛，因而会被粘得更紧。茅膏菜叶子顶端还会卷曲，可以把猎物牢牢缠住。如果挣脱不了黏液的纠缠，虫子就会在黏液的消化中慢慢死去，它们几丁质外壳里面的易溶物质会被植物消化吸收，几天后仅剩下一个空壳。

锦地罗

○ 捕食蚂蚁的锦地罗

有一年秋天，北京的自然摄影师天冬和老唐到广西拍摄食虫植物，我和植物爱好者张超带着他们来到防城港的这片滨海草地寻找长叶茅膏菜。我们在草地里寻寻觅觅，还没看到长叶茅膏菜，却先发现了另一种食虫植物：锦地罗。

锦地罗属茅膏菜科，它的叶面上布满红色的腺毛，当小昆虫被这像花朵一样美丽的陷阱吸引过来，落在它上面时，就会被腺毛顶端的黏液粘住。这时候，锦地罗的叶子会慢慢卷起来，把小昆虫包裹得严

严实实，直到吸干它躯壳内的养分，才重新张开。锦地罗的花序梗从叶子的莲座中间长出来，亭亭玉立地开花、结果。想看到它开花，必须把握好时机，每天上午的 8~10 点是它开花的时间。

○ 锦地罗群落

狸藻科食虫植物

在这次寻找茅膏菜的过程中，团队成员天冬在草地水洼旁的裸露沙地里意外地发现了狸藻科的食虫植物。

挖耳草

挖耳草的得名，或许是因为它开花时的形态像极了人们掏耳朵时用的小挖耳勺。它的花冠呈黄色，上唇是狭长的圆形，下唇近圆形，喉凸隆起呈浅囊状，花距为钻形。花序梗上有苞片，基部着生；花梗在花期直立，花后结果时则会下弯。

○ 短梗挖耳草

○ 挖耳草

短梗挖耳草

短梗挖耳草的花冠为白色，偶尔也会有淡紫色，喉部常有黄斑；上唇是长圆形，下唇较大，近圆形，顶端微凹，喉凸隆起；花距呈狭圆锥状，伸直或弯曲，通常长于下唇并与其平行。花序梗上的苞片是中部着生的。

斜果挖耳草

斜果挖耳草的花冠呈淡紫色或白色，上唇为狭长的圆形，明显长于上方萼片，下唇较大，顶端有3个浅圆齿，喉凸隆起；花距为钻形，伸直，明显要长于下唇；花序梗上的苞片是基部着生；蒴果斜长圆状似卵球形。

○ 毛挖耳草

毛挖耳草

后来，张超多次来到这块海边草地考察食虫植物，又发现了一种浑身长毛的挖耳草。我们查遍《中国植物志》和地方植物志，都没有找到它的资料。后经中国科学院植物研究所的专家鉴定，才确认它是毛挖耳草，并收录在新出版的《Flora of China》19 卷里，这是我们发现的一个中国植物新记录种。

这些挖耳草的捕虫工具是捕虫囊，生在叶器，匍匐枝和假根上，大小不到1mm，形态宛如一个侧扁的小球，上面有一个囊口，地表浅层的小动物如果钻进了捕虫囊，就会被囊口上的一些附属物阻挡住不能出来，最后慢慢被捕虫囊消化吸收掉。由于狸藻科植物的捕虫囊极其微小，所以它们捕捉到的小动物靠肉眼难以看到。

○ 挖耳草的捕虫囊

在中越边境邂逅绿色精灵

撰文·摄影 / 谢伟亮

　　初夏的清晨，风中依旧带着阵阵凉意，我揉了揉倦意未消的双眼，看路边绵延的山和水田向后飞驰而去，车子载着我们一路向中越边境进发。正是这次行程，让我们意外邂逅了深山里可爱的绿色精灵们。

有幸受邀探访

就在不久前，我和来自广西南宁、北海的自然爱好者一起到保护区观摩学习。该保护区地处中越交界地带，是桂西南重要的生物多样性区域，也是中国14处具有国际意义的陆地生物多样性保护关键地区之一。在这里栖息繁衍的东部黑冠长臂猿，具有极高的保护价值。

说起这东部黑冠长臂猿，还有一段不得不说的往事。早在20世纪50年代，它们曾被国际专家宣布在中国绝迹。目前，能在中越边境的这片森林中再见到东部黑冠长臂猿的身影，则显得格外珍贵。此外，保护区还有黑叶猴、带叶兜兰等其他珍贵的野生动植物。能到这里参观学习，这对于我们这些自然摄影爱好者来说简直如获至宝，机会实在是太难得了。

○ 喀斯特地区的林下，各种树枝、藤条、根系盘根错节

○ 保护区内有珍贵的黑叶猴

走，向深山进发

车子开了大约一小时，我们来到山口，各自背起沉重的装备，除去平时摄影所带的相机、镜头、闪光灯等各种设备，我们还带足了一天的食物和水。因为当地保护区的工作人员说，从这里开始，进山只能依靠徒步，而路途遥远，一去一回就得天黑了。往常，护林员进行巡护，都是在山里风餐露宿的，条件十分艰苦，这让我们由衷钦佩。为了能在白天观察到更多的动植物，我们迫不及待地向山中开拔，急匆匆地钻进了密林里。

这片林区属于典型的亚热带喀斯特地貌，土壤稀少，难以见到地表水，到处都是被雨水侵蚀形成的形状各异的巨石。奇特的是，就在这稀少的土壤和巨大的石头上，生长着各种高大的乔木和低矮灌木，

○ 寄树兰吸引来一只蜂

○ 阳光迎面洒落，这些伞花蛛毛苣苔显得格外美丽

使每一座山从山脚到山腰都郁郁葱葱，让人不由赞叹它们强大的生存本领。

就是在这样的环境中，隐藏着许多奇妙的生命。在穿行至一片开阔地的时候，我们发现一处凸出的岩石上，生长着一些伞花蛛毛苣苔。这是一种利用石头上极少的泥土就能生长的奇特植物，在干旱时节它还能卷曲起叶子，以减少水分蒸发。而眼下，正是雨量充沛的好时节，所以它们不

部分的植被被砍伐掉，而且有的山因为放牧山羊，植被始终恢复不起来，直到保护区成立的这十年间，才慢慢有了一些植物。"护林员还介绍说，因为喀斯特地貌主要由各种石灰岩构成，这些岩石易溶于水，非常容易流失；而没有水，植物难以生长，因而造成恶性循环，各种生物也就渐渐消失了，所以，这些地区的植被保护显得尤其重要。

果然，在植被较少的山上，出现了许多干旱的土层，印证了护林员的说法。我们在一些岩石下发现了螺冢，这里满是各种陆生螺的残骸，陆生螺通常生活在雨林下，在雨季的时候来到这些光秃秃的山里，一旦雨季结束，就因为缺水死亡了。

仅舒展开叶子，还尽情地盛放着花朵。

我们几乎都是第一次见到这样的画面，停下脚步拍个不停。看我们个个拍得起劲，护林员不忘催促我们："前面路还长着呢，赶紧走吧！"大家这才意犹未尽地继续前行。一路过来，我们发现有的山头的植被相对稀少，这让我们不禁心生困惑，护林员看出大家的心思，悉心解释道："在保护区成立之前，这些山分给了村民承包，有

一路探访，惊喜连连

我们一行人继续走着，各种精彩画面也让我们应接不暇。我比较喜欢微距摄影，所以更多地往眼前看，寻找比较细小的东西。于是，我有幸目睹了红蝽捕猎的全过程。只见一只陆生螺正慢腾腾地爬在树叶上，忽然一只红蝽飞过来，用尖利的口器猛地刺穿了螺壳，将消化

○ 红椿正在慢悠悠地享受自己的豪华午餐

在石头上或者落叶堆里，慢慢进食能遇到的一切腐败物。正是由于它们的大量存在，不停地进食，让腐败的叶子、果实中的养分加速回归到土壤中，被其他植物利用，保证了这片雨林的生命循环。

在这里，还生长着大量的蘑菇，闷热潮湿的雨林环境对蘑菇们来说实在是太理想了，它们可以尽情地生长、繁殖，不担心阳光暴晒枯萎，不担心温度不够无法成熟，更不担心养料不足无法长大，或许它们唯一要担心的就是风刮不起来，孢子没法散得太远吧！要知道，蘑菇成熟后，要以风为媒，才能把数

液注射到螺的体内。受到攻击的螺本能地把全身缩回壳里躲避，正好被消化液一起溶解，变成了流质的食物，就这样，看似难搞的陆生螺成为捕猎者的美餐。

正当我在拍摄时，一只蜘蛛静静地在不远处望向这边，它似乎和我一样，对未知的事物充满着好奇，睁大眼睛观察着眼前的一切，我迅速地把它拍了下来。

在潮湿的林下，我还陆续发现了不少陆生螺。这些天性胆小的软体动物背着厚重的壳，缓慢地行走

○ 身体和环境浑然一色的呆萌小蜘蛛

○ 一只很大的胀皱坚螺正在觅食

○ 林下暗自生长的俏丽红菇

以万计的孢子散布出去，成长为下一代。

在这里，不光是地上，树上也有惊喜。这不，对讲机突然传来前方队友压低嗓门的呼叫："快来快来！树上好像有什么东西！"我心里又惊又喜：该不会是找到珍贵的东部黑冠长臂猿了吧？我心急如焚又不得不小心翼翼地加快脚步，赶紧向前方靠拢，好不容易赶到了地方，只见几名队友正对着树上指指点点。我轻手轻脚地靠过去，顺着他们指示的方向一看，原来不是长臂猿，是一只非常漂亮的蜥蜴，我赶紧换了镜头，把它拍了下来。

这是一只雄性的丽棘蜥，是在广西生态相对较好的原始森林里才能见到的漂亮蜥蜴。虽然不是期待中的长臂猿，但是能拍到这么漂亮的照片，我们也很满足。护林员笑着跟我说，长臂猿可没那么容易见到，它们对人类活动非常敏感，通常需要在山里安安静静地隐蔽，蹲守好几天才可以见到。确实，今天除了偶尔听到长臂猿的叫声，根本见不到它们的身影。护林员建议我们抓紧时间前进，赶在太阳下山前，去到东部黑冠长臂猿的一处休息地，如果今天它们正好在那过夜，我们还是有可能一睹这些国宝级动物的真容的。此刻，时间已到下午，我们咬咬牙收收心，开始埋头赶路。

尽管如此，面对一路上的各种兰花，我还是没忍住拍了一张开

〇 假鹰爪的花很特别，像纽带一样

放着的寄树兰。得益于这里的树林繁茂，气候适宜，很多岩石和树上都附生了各种兰花，这也是喀斯特热带、亚热带雨林的独特景观之一。

与绿色精灵的意外邂逅

时间来到下午五点，林子里已经明显暗了下来，我们也终于赶到

了护林员所说的长臂猿休息地对面的山里。大家屏住呼吸，停止行动，静待对面长臂猿的出现。时间一分一秒地过去，天色越来越暗，我们的内心也越来越着急。

大约过了一个小时，对面依旧毫无动静，只听得护林员摇头苦笑说，今天大家都要白辛苦了，长臂猿这时还不出现，今晚就不会到这里休息了。

○ 越南棱皮树蛙的正面照

　　带着深深的遗憾，大家各自补充好体力和水分，检查灯具后准备返回。当我打开手电，光线晃过一块长满苔藓的石头，忽然觉得这块石头上好像有点异样，似乎长了一小片不一样的"苔藓"。

　　我凑近后再仔细看了看，忍不住叫出声来："我的天！这块石头上有眼睛！"我细细观察，这个奇特的生命长着青蛙一样的身形，身上却像长满了苔藓一样粗糙而且呈现暗绿色，再看看四肢，它脚趾的端部有吸盘。难道这就是传说中的越南棱皮树蛙吗？

　　在来邦亮自然保护区之前，我曾听闻过越南棱皮树蛙的大名。这种树蛙因为皮肤粗糙而得名，又因为皮肤呈现类似苔藓的绿色，被人们昵称为"墨丝蛙"，即取自苔藓的英文"MOSS"的音译，非常形象。由于它们长得太像苔藓，且隐蔽性非常高，以至于之前两栖专家几次来调查，都没有找到它们。现在，我们居然得以偶遇，实在是"塞翁失马，焉知非福"！大家又都打起精神，对着这个稀有而且珍贵的"模特"，好好拍摄了一番。

拍摄完树蛙，天色已经完全黑了下来，大家恋恋不舍地离开了。这一趟保护区之行虽然时间短暂，未能见到东部黑冠长臂猿，但是一

○ 从侧面看，才能看出这是一只蛙

○ 被我们发现了的小家伙，一脸不高兴

路上，我们从护林员那里学到了许多关于大自然的知识，学习了自然保护的经验，体会到了自然保护工作者的艰辛。当然，我们也见到和拍到了许多珍贵的动植物，并深感大自然的美妙不可言喻。如果有机会，我们还想再来探访这美妙的地方！

○ 一只绿色的蜥蜴正在树上沐浴暖阳

野外遇到蛙类该怎么拍

撰文·摄影 / 谢伟亮

　　随着初夏渐渐来临，人们到户外活动的好时节已经到来了。对于喜爱大自然的人来说，拿着相机走进野外，绝对是种惬意的享受。这时候，如果遇到一些不那么常见的两栖动物，该怎么拍好它们呢？

　　我们今天主要说的是蟾蜍和蛙两大类，它们均属于无尾目两栖动物。除了少数比较常见的种类，这些两栖动物中的大部分都比较害羞，人们一般很难有机会一睹他们的真容，所以，如果我们恰巧遇到一些难得一见的漂亮小家伙，却不懂得怎么去拍它们，未免太过遗憾。不过不用担心，现在我们就一起来学学两栖动物的"大头照"该怎么拍。

◎ 每一种蛙类的后背都有属于自己的花纹和色彩，这是一只锯腿水树蛙

○ 斑腿泛树蛙

"身份证照"记录下生物特征

想要在众多两栖动物里认出自己见到的是哪一种动物，我们就得先给它们拍个"身份证照"。但是这些两栖动物的脸那么小，从正面看过去似乎都差不多，而且它们大多生活在潮湿的环境里，我们也很难趴下来拍摄它们的面部，看来拍大头照的方法似乎行不通？没关系，我们换个角度拍一拍它们的背部。

拿蛙的背部来说，通常是面向人类镜头的面积最大、最容易拍到的部位，上面会有各种不同的花纹和颜色，便于我们去对比和记录。所以，遇到一只蛙，先拍一张后背，这样就算它立刻跑掉无法拍摄第二张，我们回去查资料或者咨询专家时，这张照片也能提供丰富的信息。

当然，跟人类类似，蛙类也有它们的"亲戚"，一些同属的蛙类有时会有类似的花纹和颜色，而且有的时候，蛙的身体会挡住四肢，我们从后背看过去，也无法看清它们脚趾的细节，难以对种类做进一步的判断。这时候，我们只拍背部是不够的。

由于蛙几乎是左右对称的动物，所以我们可以从一个侧面大约45°拍摄，兼顾背部、身体侧面、眼睛、口和四肢的细节，最大限度地记录它们的特征，以便鉴定它们的种类，如果还能有机会拍到蛙腹部的特征，那简直就是完美了！

○ 从侧面45°角拍摄的华南雨蛙

○ 一只左前肢被咬断的斑腿泛树蛙，鲜红的血肉说明它刚刚死里逃生

用照片记录动物的故事

拍摄鉴定用的"身份证照"，仅仅是蛙类摄影的第一步。蛙类是动物，它们会跳跃，会游泳，会进食，需要休息，在繁殖季节，有的种类的雄性还会用声囊"唱歌"。所以，我们在拍摄蛙类的时候，也应该尽量去记录它们的行为，用照片来展现它们多彩的生活细节。我曾在一块菜地里听到一阵阵蛙鸣，于是打着手电去寻找，和害羞的小家伙们斗智斗勇好久，终于拍到了它们在"唱歌"的姿态，是如武侠小说里"蛤蟆功"般滑稽的样子。

蛙类的生活也不是无忧无虑的，它们会受到各种捕食者的追杀，所以，有时候我们会看到它们遇险甚至遇害的场面，这就是动物生存的自然法则。如果你想向别人讲述蛙的一生，那么不妨把这样的画面拍摄下来，让故事变得完整有趣。

○ 一只正在歌唱的花姬蛙

利用构图等进行艺术进阶

除了一般的记录摄影，我们还可以进行艺术的创作，选择一些不一样的视角和构图来拍摄，这会大大增加照片的观赏性。当然，我们拍摄的前提是一定要爱护小动物和它们栖息的环境，万不可为了追求

艺术效果而去伤害它们，破坏栖息地，那样就背离了自然摄影的初衷。有一次，我在草丛里寻找昆虫，偶然发现一只小小的华南雨蛙正端坐在叶片上，似乎若有所思。这个画面非常难得，我放弃了先拍鉴定照的打算，赶紧按下快门，记录下它萌萌的样子。

○ 本宫是华南雨蛙，本宫只为自己的美艳代言

从容应对夜间拍摄

前面我们说到蛙类通常都很害羞，所以我们晚上去寻找，会有更多的机会见到它们。但是晚上的野外，通常也会有蛇等其他动物的存在，所以这时候，我们一定要准备好高帮鞋子或者水鞋，可以有效防止被蛇咬伤。

夜间拍摄还有一个问题，就是光线不足。因此我们一般都会事先准备闪光灯或手电筒。通常我们需要一个暖色调也就是偏黄色光的手电，最好是可以调焦的，让光线不那么集中，这样照射在蛙身上的时候，光线会比较柔和，周边环境也足够亮。如果担心光线不够强照片会糊，我们还可以带上一个三脚架来帮助我们稳定相机。有了这两样工具的帮助，要拍出一张清晰的蛙类照片，就轻而易举啦！

怎么样！蛙类的拍摄其实比想象中的简单吧！掌握了这几个技巧，你也可以拍出漂亮的蛙类照片。

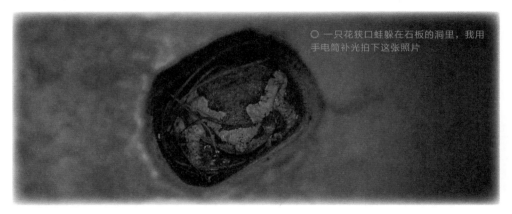

○ 一只花狭口蛙躲在石板的洞里，我用手电筒补光拍下这张照片

避暑去鼓岭

撰文 / 刘易楠（植物分子生物学硕士、自然教育者）

绘图 / 蔡帆捷（家庭插花达人、多肉达人、美食食谱制作者）

  炎炎夏日，长期躲在空调屋里容易生病，还是要找个避暑的地方比较靠谱，那不如带上纸笔，跟我们避暑去！

  我要说的，就是避暑胜地之一的福建鼓岭。在地球变暖的七月，我们在这里小住几日，发现除了人文历史之外，鼓岭竟也是一处生命的乐园！

◯ 柳杉王原貌（2013 年后树尖虚线部分因台风而受损）

○ 菜摊

偶遇柳杉王

我对树非常有感情，我的自然名也是"树"，每到一个新地方，要找找看有没有中意的树。结果就在鼓岭李世甲故居的旁边，我发现了一棵名为"柳杉王"的巨大柳杉，腰围目测要 7 个人合抱，已经有 1300 多年。介绍牌的一行字让我十分困惑——"*Cryptomeria japonica*"，这棵大树怎么会叫日本柳杉呢？查了《中国植物志》才发现，它原本的名称是 *Cryptomeria fortunei*，是原生于中国的一种柳杉，而这个名字后面的 fortunei，说明了它是由当代著名的英国"植物猎人"福琼发现并命名的。

2013 年出版的《中国植物志》（英文修订版）对柳杉做了修正，根据现有的科学证据，国际上把日本柳杉和中国的柳杉合二为一，统一命名为"日本柳杉"，其他的柳杉都是基于此的变种。

舌尖美味——宽叶韭和土人参

穿梭在洋别墅间，经常会见到一些小摊。这些摊位上最常见的菜就是被称作"亥菜"的宽叶韭了，偶尔露面的摊位主人还会和你交流如何用"亥菜"炒蛋比较好吃。宽叶韭和韭菜长得十分相似，只能从宽宽的叶面和明显的中脉来区分。

○ 宽叶韭的花

它对生长环境的要求比韭菜要严格一点，需要比较高的海拔，还需要湿润的山坡或林下，福建地区的宽叶韭均为冬季不倒苗型，一年四季均可种植采收。所以在这里避暑的人们，几乎天天可吃到喜欢"避暑"的宽叶韭。顺带一提，混了宽叶韭的炸油饼是到访必尝的小吃哦！

还有一种野菜在这里也很常见，墙脚石阶几乎随处可长，这种野菜就是马齿苋科的土人参。这个家伙和落葵薯一样，最初是作为蔬菜从美洲热带地区引入的，现在在福建地区安家落户，繁衍子嗣。从生态

○ 宽叶韭

学的角度上看，它们的确繁殖得有点快了，现在在其他一些地区，它还被定为入侵物种，尚未知是否对本土环境造成冲击。

○ 土人参

路边的"原住民"

如果你读过《夏洛的网》，一定会记得里面那只智慧、感恩、守信的小蜘蛛夏洛，正是因为它织出了带有文字的网，改变了小猪任人宰割的命运。走在山路上，我发现了原来夏洛确有其"蛛"——它就是横纹金蛛！它能在一张比脸大的网上，用明亮的丝线织出许多英文字母，亲爱的你能从图中发现哪些

字母呢？其实这种蜘蛛在国内十分常见，从南到北都可以找到，它的身体有着醒目的黑黄纹路，其中还泛着血红色的斑点，保证你见过一次就不会忘记。当然，它庞大的身形和奇怪的颜色只是为了吓唬小鸟，而它的毒性对人却没什么伤害，稻田里它可是吃掉农业害虫的主力，而在云南，它则是民间食用蜘蛛的主要种类之一。

七月份，织网的不只是横纹金蛛，还有一种林业工作人员不喜欢的家伙，就是这只在草叶上"作茧自缚"的思茅松毛虫。思茅松毛虫于1927年在云南思茅被日本昆虫学家发现并命名，现在是国内危害严重的6种松

○ 草叶上做茧的
思茅松毛虫

毛虫之一，它的活动区域在长江及长江以南地区，在温暖的福建地区一年可以繁衍两代。从名字上看，松树是它的食物来源，我通过查阅文献，发现居然柏树家族和杉树家族都难逃其口！在这个避暑胜地，它的口粮自然就是柳杉了！和其他毛毛虫一样，它也有一个特殊的习惯，就是不在食物上化蛹。

这个暑假你要去哪里避暑呢？自然在给你清凉的同时，也会送给你很多惊喜哦，记得用画笔和观察力把你的惊喜记录下来吧！

○ 横纹金蛛

隐秘的高山植物王国

撰文·摄影 / 孙小美

如果有人问我，为什么要爬山？我会说，因为花在那里。

植物旅行，记录自然，在旅行中探访各种自然带，沿途邂逅当地生境中的特色植物，与各种美丽的花朵不期而遇，如此赏心乐事，何乐而不为。

愈是人迹罕至的深山密林，才愈有不被打扰的自然美。雪山、江流、深谷，由云贵高原向青藏高原过渡的横断山脉，既是风光壮美的险峻之地，也是全世界植物研究者和爱好者趋之若鹜的宝库。这里气候高寒、空气稀薄、紫外线强烈，就在这片湛蓝的天空下，孕育了奇特的高山植物。我们此行，深入高原雪山，跋涉高海拔流石滩，过溪流、爬悬崖，走最艰难的路，只为寻访那些在秘境中遗世独立的绝美花朵。

寻访坐标：丽江老君山

活动海拔： 3000~4100 米

生境特点： 在老君山高山针叶林带上，密布着由巨大针叶林和大片杜鹃花树构成的原始森林。林间厚厚的苔藓不知从何时开始堆积，众多高山湖泊星罗棋布，湖边高山湿地孕育了许多萌物。

高原上的春天是如此的短暂、珍贵，植物们抓紧所有的温暖时光，生长、开放……五六月间，杜鹃花海开遍，渲染出整座山的烂漫，成为山间的一大胜景。接下来的七八月间，林间生长的各种花朵次第绽

○ 传说中的粉红豹

放，对于我们这些追逐花朵的"植物狂人"来说，这就是每年最美好的"黄金时期"了。

不期而遇："粉红豹"的诱惑

车子从丽江古城驶出，也宣示着我们这趟老君山的植物寻访之旅的开始。一路盘山，曲折颠簸。随着海拔的升高，凉意渐起。此行三大目标种之一的豹子花，就这样与我们邂逅了。

豹子花（*Nomocharis pardanthina*），百合科豹子花属。该属植物约有6种，分布于东南亚；我国就有5种，多生长于我国的西南部。豹子花属的名声虽没有其他高原植物那么响亮，但属内成员却个个美艳动人，藏在深闺人不识。我们今天遇到的"属长大人"，只生长在云南西北部海拔3000~3500米处，也就是说眼下的发现地，正是它的典型生境。

凑近仔细看豹子花，你会发现，有些花朵只有雄蕊没有雌蕊，有些花朵却是雌雄蕊皆备，这是为了防止自花授粉的一种方法。为了生存和繁衍，植物进化出了各种技巧。在传粉方面，植物们选择了不同的道路：有些选择了自花授粉保证结果率，有些选择了异花授粉以增加演变的可能性，这，就是植物的智慧。

林下精灵：报春与紫堇

到达海拔3780米的游客中心，我们开始徒步上山。山里的空气仿佛过滤了一般，格外清新，四周的黄杯杜鹃还在盛放……在高海拔地区，虽是六月，这里的春天才刚刚

◎ 远看像极了"蓝色小鸟"的直距曲花紫堇

开始。

我们看到林间有一片蓝色在阳光中跳跃，如一群叽叽喳喳的"蓝色小鸟"在聚会。这蓝色是如此明媚，好似高原上最纯净的湛蓝天空。原来，它们是直距曲花紫堇（*Corydalis curviflora subsp. Minuticristata*），属于紫堇科紫堇属。本属成员众多，《中国植物志》中介绍其有 428 种，除北极地区外，广布于北温带地区，而我国有 298 种。紫堇属专出植物

"小精灵"，其成员均是灵动可爱。而高原上的紫堇属小伙伴们，更是常常以稀有的蓝色夺人眼球，迷倒一众粉丝。

相伴这些"蓝色小鸟"而生的，是另一位低头默默不语的"小美人"——穗花报春（*Primula deflexa*），为报春花属。该属约有 500 种植物，在高原上几乎处处都能看到它们婀娜摇曳的身姿，是高原三大花卉之一。由于它们动人的美貌，20 世纪初，英、美等国曾多次派"植物猎人"深入我国高原地区采集种苗，运回欧美进行种植培育，使之风靡了欧美的花卉园艺界。如今，那些"扬名"国外园艺界的宠儿，它们的远亲，仍深藏在喜马拉雅山两侧及川滇高原地区。每每到此的游客见到它们，无不赞叹它们的美丽，却大多无法叫出它们的名字。

不知不觉天色将晚，下山的路

◎ 穗花报春

上薄暮渐起，空气一下子变得寒冷。晚上，我们就住在海拔 3800 多米的山上，即使是六月底，这里的夜晚也格外寒冷。由于害怕高原反应来袭，队友们服下止疼药，喝了加葡萄糖的热水，早早睡下。

高大的和微小的

湖边湿地孕育了众多高山植物，引得我们沿路寻寻觅觅。湖边湿地道路泥泞，大片低矮密集的杜鹃花丛还零星开着蓝紫色的花朵，黄色的钟花报春开了一地……我们走着走着，一群群拇指般大小的蛙被惊起，纷纷跳入水中。

转过湖边的小土包，我又是一阵惊喜！只见土包上厚厚的苔藓间，杜鹃、红花岩梅和成片的岩须竞相生长着。岩须（*Cassiope selaginoides*）是杜鹃花科岩须属的萌物，同样也是高原独有款。此时恰逢它的盛花期，这种一厘米左右大小的"白色小铃铛"开满了整个山包，微风吹过，似乎能听到一阵

◎ 小个头岩须写真

○ 苞叶大黄

枝杈，我们继续前行。忽然，眼前一幅美景让我们震撼：令我们梦寐以求的藿香叶绿绒蒿竟开满这整片山坡，犹如一片蓝色海洋。我们此时的心情难以言表……不远万里、跋山涉水，只为与你相见！而你，竟然如此慷慨热情地欢迎我们。

藿香叶绿绒蒿（*Meconopsis be-tonici-folia*）是罂粟科绿绒蒿属植物，已知该属全球共 49 种，仅 1 种产自西欧，其余 48 种均分布于东亚的喜马拉雅地区，可以说是世界屋脊特有的物种。而我国有 38 种绿绒蒿属植物，集中分布于西南地区。由于绿绒蒿美丽的容颜和只生长在高原秘境的特点，使之成为许多植物爱好者心中的"高原女神"。如

风铃清脆的响声。

可没等我陶醉完，队友们又发现了新宝贝：一株屹立在湖边高达 2 米多的苞叶大黄。苞叶大黄又称水黄，是蓼科大黄属植物，常生长在海拔 3000~4500 米的山坡草地，性喜潮湿。它站在湖水边，好像守卫着这一方植物秘境。

众里寻她，"高原女神" 绿绒蒿

跨过湖边的倒木，拨开横生的

○ 笔者手绘的绿绒蒿

○ 藿香叶绿绒蒿

我等"植物野人"跋涉高原一样，国外的同好们更是飞越大洋，只为一睹它美丽的身影。如今，藿香叶绿绒蒿早已被引种到国外，并培育出许多品种，盛开在大洋彼岸的庭院之中。

然而，植物的美丽往往会给它们带来灾难，许多游客见到它们，都会"辣手摧花"。再因为它也是藏药的一味主要材料，有时还能见它在集市上被贱卖，令人痛心疾首。高原恶劣的生长环境，使绿绒蒿属

的植物往往要在严寒干旱的生境中生长几年才能成熟，开花结果。而大批量地采摘它们的花朵，就会造成植株无法结果散种。如果不好好保护，也许我们今年见到的这一片花，明年就会不复存在。

在大自然中，与植物相遇的每一个瞬间，于我都充满了回忆。铭记着当时的气息与感觉，还有各种不期而遇、千回百折、蓦然回首的戏剧化故事，也许这，就是旅行的意义……

○ 自然生境下的大花无柱兰

拍花小能手必备锦囊

撰文·摄影/孙小美

　　无论是在旅途中、近郊小游中，或是驴行山野中，我们常常会与许多美丽的花朵不期而遇。许多人都会有想要顺手记录下这份美好的冲动，继而想要知道这美丽的植物究竟叫啥，或是与我等"花痴"一般，热爱自然，喜欢拍摄各种植物花卉。笔者也算行走过雪山、荒野、原始森林等各种自然环境，甘愿为读者朋友们献上自己这些年来拍摄植物的一些心得，让更多的人能一起分享，记录下这自然的美好……那么，拍花拍植物究竟有哪些需要注意的地方呢？我们还需要哪些辅助工具？朋友们不妨跟上我的步伐，一起深入大自然，练就"植物达人"速成法！

○ 俯拍紫云英，能显示它与惯常留给人们印象不同的傲娇一面

局部照时，如果能抓住平常不易被发现的细节或者常人不曾用过的角度，往往可以拍摄出令人耳目一新的照片。比如江南处处种植、习以为常的紫云英，拍摄时我会选择俯拍整朵花的上平面。

若是要拍摄低垂的花朵，趴下或者躺下身体，用仰拍的角度拍摄"裙底照"，往往会拍到意想不到的细节，这也被我们植物达人戏称为迷人的"裙底风格"。

拍摄尽量多的鉴定特征

在拍下美丽植物的同时，我们很自然地会想了解这个植物的名称，这就需要去查询植物分类学的知识或者咨询植物分类高手了。

然而，从分类学来讲，植物的种与种之间的区别有时候非常小，比如根的形状、叶片的类型、萼片的不同长度比例，甚至是花蕊的结构、枝条叶背上有没有毛等。这些"细枝末节"的特点，就要求拍摄者尽可能拍摄更多的细节，因为它们都可能成为照片中植物鉴定的关键。

寻找与众不同的细节

我们在使用微距镜头拍摄植物

灵活运用光圈

拍摄植物，我们会使用微距镜

○ 使用大光圈拍摄直距曲花紫堇特写，背景完全虚化

可以使用小光圈，或在大光圈下拉远与拍摄物的距离。

使用光影表现不同效果

我们都知道，"光"是摄影的灵魂。我常常在拍摄时呼唤："要有光！"尤其是清晨、傍晚时，光线角度斜，拍摄出的照片效果极佳。

群落照和生境照不可或缺

植物生境的拍摄对于全面展现植物来说，也是十分重要的一环。雪山下大片野花怒放、岩壁上一朵兰科或者苦苣苔科的小花儿……配上这样的场景，往往你的照片更能打动人心。不妨运用广角镜头，拍摄下植物群落和生长环境，将观众带到我们拍摄时的那个场景中去，更有身临其境之感。

拍摄植物生境照和群落照时，一些横枝竖杈可能会使画面略显凌乱，这时候可以适当避开或者清理，以保持画面的美感和整体感。但需要注意的是，请尽量不要伤害到生境中的植物，自然摄影以保护自然生态为首要宗旨。

○ 逆光下拍摄的菊苣

头，选择 M 档或 A 档。A 档拍摄对新手来说，是个方便又容易出效果的选择。

当拍摄特写时，我们可以使用大光圈，使背景呈现出完全模糊的效果。但是假如微距镜头距离拍摄物太近，使用大光圈可能会造成半朵花清楚、半朵花模糊的结果。这时候，在光线条件好的情况下，我们可以使用小光圈，然后靠近拍摄花朵，这样也可以达到花朵整体清晰、背景完全虚化的效果。

如果需要体现出背景中的细节，

必要时借用辅助工具

所谓"深谷藏幽兰"，那些遗世独立的美，常常不容易为人得见。自然界中的许多植物，喜欢生长在阴湿的林下、溪谷中。一些腐生植物更是"见不得光"。这样的自然环境下，光线条件往往较差，拍摄出的照片难以理想，噪点等问题比较多。这时，借助三脚架、反光板以及外置闪光灯等设备，可以部分解决光线不足的问题。当然，需要背上山的负重也更加多了。所以，要做拍花的植物达人，身体和心理可都要做好吃苦的准备哦！

○ 低矮的多色杜鹃灌丛

行走昆仑秘境

图文／吴涛

　　中国有很多著名的山，比如"三山"——雁荡山、庐山、黄山，比如"五岳"——泰山、华山、衡山、嵩山、恒山，关于西岳华山之险，南岳衡山之秀，北岳恒山之奇，中岳嵩山之峻，古往今来描绘其风貌的作品很多。但也有一些景色壮美且富有文化内涵的山，很少进入大家的视野，比如位于我国西部高原地区，被誉为"万山之祖"的昆仑山脉中的玉珠峰和玉虚峰。

○ 昆仑山

昆仑神话的发源地

那些走过青藏线的驴友们，可能还记得那扇写着"巍巍昆仑、万山之祖"的巨大山门，但很多人并不了解昆仑山脉中的两座雪山——玉珠峰和玉虚峰。也许是因为高海拔阻断了人们的登临之路，它们甚至不在近些年评选的"十大非著名山峰"和"中国最美的十大山峰"名单中，真的是非常遗憾。

TIPS：
去高海拔地区旅行的注意事项

到青藏高原地区旅行，是当今户外运动的热点。刚到高原的时候，千万注意不要剧烈运动，要休息好，逐步适应环境。注意防寒保暖，不要洗头洗澡，以免着凉感冒。要多喝水，多吃蔬菜水果，不能暴饮暴食。如果发生高原反应也不要慌张，可以用吸氧等办法缓解，另外还可以服用一些预防高原反应的药物，如红景天、肌肝片等。

"昆仑"一词源于匈奴语，意为"天"。昆仑山的藏语是"阿玛尼木占木松"，是"祖山"的意思。想要深入了解昆仑山的魅力，让我们先从神话说起。在不同文化体系的神话传说中，神仙们都是住在山上的，仙山代表着凡人只能梦想而无法到达的地方。在希腊神话中，以宙斯为首的诸神住在奥林匹斯山上；西奈山长期被犹太教、基督教、和伊斯兰教视为圣地；冈仁波齐峰同时被印度教、藏传佛教、西藏原生宗教本教认定为世界的中心；佛教中相传诸佛菩萨都是住在须弥山中的。而在华夏文明中，与这些神山的地位相当的就是昆仑山。

从《山海经》开始，各个朝代都有许多对昆仑山的演绎。昆仑山的主人西王母，最初的记载是人头豹身，后来逐渐演变成道教中的正神，和东王公一起掌管天庭。根据《封神演绎》的描写，禅教教主元始天尊的道场玉虚宫就坐落于昆仑山，姜太公曾在此修炼。昆仑山是中华民族神话传说的摇篮。以昆仑山为背景的昆仑神话齐名，是世界两大神话体系之一。它记载了人类从诞生到发展的重要历程，其产生与流传的过程与华夏民族的形成发展是一致的。我们所熟知许多传说故事都来于昆仑神话，如盘古开天辟地、女娲补天等。2010 年，昆仑神话入选世界非物质文化遗产名录。

○ 昆仑山局部

一个人的玉珠峰

怀着对昆仑山的向往，2011年7月，我和团队的其他成员一起来到这里，打算向昆仑山脉中著名的玉珠峰发起挑战。玉珠峰是昆仑山东段的最高峰，海拔6178米，对攀登技术的要求不算太高，是一个很完美的雪山技能实践场地，所以我把它当作以后攀登海拔8000米以上雪山的入门阶梯。

在攀登的过程中，根据队伍的情况，领队决定放弃大队，只让我和另一名队员跟他一起突击登顶。我因为途中返回取一位队友让我带上顶峰的求福物件，所以，这天只差一百米没有冲上山顶就不得不返回了。但是我决定晚上住在营地，第二天独自冲顶。当晚，我一个人在玉珠峰上的C1营地。那一夜，狂风肆虐，好像随时要把小小的帐篷和我撕成碎片，我在里边挨过一夜，想了很多。因为王涛、杨戈遇难的惨痛教训，登山者在登山季里在此常备了这顶帐篷，里边有不少食品，还有气罐、炉头等设备。我很幸运，但这幸运是前人用生命换来的。

2011年7月7日的玉珠峰，洁白如雪，宁静安详，四周万里无云，是最难得的登山好天气！二上玉珠峰，虽然形单影只，但是我信心百倍！所有冰雪中的步子来不得丝毫闪失，因为疏忽，我撞上了随处可见的冰碴、石锥，还好有惊无险。这一次，我顺利地到达了顶峰。这一天，玉珠峰只属于我一个人。

○ 登雪山需要戴雪镜

○ 藏族向导

○ 帐篷

○ 走向玉珠峰

○ 玉珠峰顶峰

○ 雪地攀登

○ 艰难前行

远眺圣洁的玉虚峰

那天在玉珠峰峰顶，我远远望到了另一个美丽身影，那是玉虚峰的身姿。玉虚峰与玉珠峰分立于昆仑山山口的东西两侧。在神话传说中，她们是玉帝的两个妹妹的化身。昆仑山山脉西高东低，按地势被分为西、中、东三段，其中不乏海拔7000米以上的山峰，但是很多都不及玉珠峰、玉虚峰两姐妹峰知名。

这两座美丽的雪山终年巍峨高耸，银装素裹，玉虚峰的脚下为明末道教混元派（昆仑派）道场所在地，如今山中已经有玉虚宫、修真洞、西王母瑶池等景点，不时有来自世界各地的寻根团到这里朝拜。

自2010年"中国青海玉珠峰国家登山训练基地"成立后，玉珠峰便成为登山爱好者的天堂，许多希望攀登世界最高峰的人都以此为起点。而海拔不到6000米的玉虚峰据说至今还是未有人登峰。虽然先前有队伍说他们已经成功登顶，但一直没有得到承认。类似的事情在登山史上也发生过。1906 年，探险家弗里德·里克库克宣布自己登顶麦金利峰，并出版了有关书籍讲述他的经历，但实际上他最后离顶峰的垂直距离有 1000 多米。1909 年，有四个阿拉斯加人登上了麦金利峰北峰的峰顶，遗憾的是真正的主峰是南峰。

我相信玉虚峰是一座还未曾有人登顶的处女峰，同样的处女峰还有梅里雪山的卡瓦博格峰和玉龙雪山。如今，我已经没有去征服它们的念头了，之所以如此是深受藏族同胞的影响。他们世世代代生活在大山下边，高山适应能力远远高于我们，但是他们宁愿花更多力气去转山，用这种方式表达自己的虔诚，却从未想过站在这些神山头顶，去征服它们。和他们相比，我们想征服一个又一个高度，却一开始就输给心头的虚荣心了。这种虚荣心把很多垃圾和一些登山者的遗体扔在大山之上。山一直在那里，但是众多的登山英雄，如今身在何方呢？

中国登山队队长王勇峰曾踏上过世界七大洲的最高峰，并且徒步到达过南北极点，但是他说："这次你把山征服了，你站在山峰上了，下次它把你征服了，你就什么也没有了。"安全的登山活动是必要的，但是功利性的"征服"往往会先破坏我们平和的心态、再伤害我们的肉体，进而可能威胁到自己的生命。只有摆正自己在所有生物中的位置，以平和、尊重的态度进入大自然，我们才可能得到大自然真正赐予人类的欣喜和发现。

○ 远眺昆仑山

○ 昆仑山的冰川

野生动物探秘

那天我从玉珠峰下来，到达登山大本营的时候，才知道还有一位素不相识的人在等我。这是一位藏族大哥，叫阿奴，是当地的一位生态保护者和旅游开发者，他想看看并结交我这个独自攀登玉珠峰的傻瓜。在他的盛情邀请之下，我和他一起前往昆仑山的腹地，深入地探索那未知的秘密。

阿奴大哥在昆仑山区生活了几十年，这边有他的牧场和旅游服务中心，而他更重要的任务是野生动物资源的保护和宣传工作。他熟悉这里的大山和河流，并熟知各种野生动物的习性。这真是意外的收获，因为我自己就是个动物发烧友，这些年来，我曾经到世界各地去观看野生动物。这一次能和当地的野生动物保护者同行，真是太幸运了！我对未来的旅途充满了期待！

○ 动物通道

○ 藏原羚

我们的汽车离开公路，驶入山中的小路。阿奴大哥说，只有进入昆仑山腹地，才能看得到野生动物。果然，娇小灵敏的藏原羚开始出现了。藏原羚别名黄羊，是高原上最常见、最容易接近的野生动物，也是青藏高原特有物种，国家二级保护动物。它们的个体都较小，体长不超过 1 米，体重不超过 20 千克，模样可爱，行动矫健。

○ 藏原羚属于国家二级保护动物

○ 藏野驴

　　远远地，我还看到了一群藏野驴奔驰而过。藏野驴在青藏高原比较常见，是国家一级重点保护动物。藏野驴虽然叫驴，但体形更像骡子，比较高大健壮。它跑得很快，速度可以达到每小时 70 千米左右，经常会和路过的汽车赛跑。汽车一路行驶，在接近可可西里自然保护区不冻泉保护站的时候，我忽然发现有一个巨大的动物倒卧在山脚，赶紧让阿奴大哥把车倒回去并下车观察。真没想到，竟然是一具藏野驴的尸体，它睁着的眼睛还泛着光亮，显然死去不久。

　　这是怎么回事呢？我们围着它仔细检查，没有发现枪伤或者碰撞的痕迹，应该不是人为因素造成的。抬头望去，头顶的山梁上，还有几只藏野驴正在悠然吃草。

　　最后我们得出的结论是：它也许是吃得太多了，在山顶晃悠时不小心跌下来摔死了。原来在大自然的环境中，动物们也会面临各种危机。令人欣慰的是，它不是死于人类的枪口之下。

○ 藏野驴的尸体

○ 藏羚羊

哥停车，想下去拍照，没想到却被拒绝了。阿奴大哥告诉我，野牦牛是青藏高原上最威猛的家伙，它的体型远远大于家养牦牛，身上长而厚的毛几乎垂到地上。雌、雄个体都长着长长的角，体格健壮，性情暴躁，和谁都敢挑战。特别是那些落单的孤牛，它们更容易发怒攻击人类，成群的野牦牛反而会躲开我们。正说着呢，那头野牦牛似乎觉得我们有点让它不爽，开始用蹄子刨地，似乎有冲过来打一架的意思，为了避免冲突，我们赶紧驾车离开了。

这天晚上，我就住在阿奴大哥的营地里。我们聊得非常开心，他给我讲了很多生活在青藏高原上的野生动物的故事，还答应第二天带我去看藏羚羊。第二天一早，我们就开车出发了。阿奴大哥非常了解这一带野生动物的分布情况，我们的车开上山坡，远远地看到一群藏羚羊聚集在一起，我发现它们几乎都是雄性的，这是怎么回事呢？原来现在是繁殖季节，雌性藏羚羊都去高原腹地的卓乃湖"大产房"产仔了。再过一段时间，它们就要带着小宝宝们进行壮观的大迁徙活动了。

见到了传说中的藏羚羊，我非常兴奋。返程途中，我看到不远处有一头黑色的大牦牛，就喊阿奴大

○ 野牦牛

难忘的昆仑山之行结束了。在那之后，我每年都会去一次昆仑山，去看望阿奴大哥，去看看那里的野生动物。昆仑山区是一个非常广阔的地域，我所去过的地方也不过是一小部分，神奇、壮观、原始的自然景观和人文景观像珍珠一样撒落在每一个角落，让我深深地为这片土地着迷。作为一个户外运动爱好者和野生动物保护者，我最大的心愿就是能够像非洲很多自然保护区那样，组织属于中国的safari（野生动物生态旅行），让更多的人享受到地球上最优美、最壮观、最震撼的原生态景致。

TIPS:
如何区别藏原羚与藏羚羊

很多初到世界屋脊的人都很容易把藏原羚当作藏羚羊，其实两者的区别还是挺大的。

藏羚羊比藏原羚体型更大，也更健壮。两者的雄性都有角，但藏羚羊的角长而直，像两把利剑，而藏原羚的角则短小得多。而且藏原羚屁股上的那块心型白斑也是它特有的标志，非常好辨认。

追寻野生动物的脚步

撰文／吴涛　摄影／吴涛　樊尚珍

    Safari 是在非洲非常流行的一种野生动物生态观赏旅行，很多人专门跑到东非大草原去看动物大迁徙。其实在我们中国也有很好的野生动物资源，让我们来关注一下属于中国的 safari。

那时的记忆

从小就喜欢看《动物世界》类的纪录片，记得最早是在电影院看的，然后是看八英寸的黑白电视，再到用大型的背投，一直到眼下随身携带的 iPad 等，痴迷几十年。原以为自己这样的高级粉丝不多，不料有一年在太白山偶遇一位驾车独行的 70 多岁的老人，闲聊时说起一些《动物世界》中的片段，他不但能记得大多数细节，还可以描绘得活灵活现，其中有些竟然是我所不曾看到过的，这令我这个自以为是的家伙惭愧不已。

对野生动物的喜爱后来化作我旅行生活中的重要内容：在尼泊尔骑着大象找老虎，在肯尼亚乘车观看大迁徙，在菲律宾坐着螃蟹船追逐海豚，在埃塞俄比亚徒步寻觅狮尾狒，在新西兰出海观鲸……在这个过程中，我多次参与野生动物保护的志愿活动，后来还开始在杂志上撰写"环球动物之旅"专栏，记录这些难忘的经历。

有人类学家认为：旅行是现代朝圣的一种方式。从出发到达目的地的过程，就是一段暂时离开熟悉的世俗环境，进入神圣空间的历程，会使人重新认识生命的意义，而在旅途中，生命从里到外被洗涤，从旅途归来后，生命便获得重生。这些年来，我的野生动物生态之旅，就经历了这样一个过程。

◎ 藏野驴（摄影／樊尚珍）

有蹄类动物大迁徙

有一年，我到向往已久的东非大草原去看真正的动物世界。就是通过这次难忘的旅行，我和伙伴们有了safari的概念，并开始步步实践。

Safari在非洲斯瓦希里语中是旅行的意思，在非洲进行safari，除了最著名的"五大兽"——狮子、大象、花豹、犀牛、非洲水牛，还有动物短跑冠军猎豹、美丽优雅的长颈鹿、长相丑陋怪异的疣猪、成群结队的鬣狗等，都非常吸引人。

○ 迁徙的角马

○ 狮子

○ 花豹

　　而东非动物乐园中极引人注目的大戏，就是史诗般的动物大迁徙。每年，大约有20万只斑马、140万只角马和50万只瞪羚组成大军，浩浩荡荡追随着雨水和青草一路前行。沿途的狮子、鬣狗、猎豹、鳄鱼等肉食动物则像过节一样，享受它们的饕餮大宴。当动物大军渡过位于坦桑尼亚和肯尼亚两个国家之间的马拉河时，河中的鳄鱼不停地袭击那些艰难前行的动物们，为了保护自己的领土和幼崽，愤怒的河马也会对渡河的动物发动攻击……但是角马大军依然前赴后继地冲进河水，因为这是本能的趋势，它们没有其他选择。

○ 水牛

○ 狼

○ 大象

高原精灵藏羚羊

在收集资料的过程中，我偶然发现原来我们国家的藏羚羊夏季大迁徙，和非洲角马大迁徙、北极驯鹿大迁徙一起，并列为全球极为壮观的三种有蹄类动物大迁徙。太好了，不出国门也能看到这样壮观的场景了！

藏羚羊是中国特有的动物，它的命运曾经起伏坎坷。几十年前，藏羚羊还和它的祖先一样，世世代代生活在这片美丽但是经常冰雪覆盖的青藏高原上，它们的数量曾经达到过 200 多万只。但是一些贪婪的家伙们盯上了藏羚羊身上保暖性极好的绒毛。藏羚羊绒因为轻软、纤细、弹性好、保暖性极强，被称为羊绒之王。在印度生产一种叫作"沙图什"的披肩，是世界上公认的最精美柔软的披肩，每条披肩的重量只有 100 克左右，可以从一枚戒指中穿过，所以价格极高。就是因为人们对"沙图什"的贪婪欲望，给藏羚羊带来了灭顶之灾。资料显示：一条"沙图什"需要以三只藏羚羊的生命为代价。

市场对昂贵的"沙图什"的需求和高额利润的驱使，使藏羚羊的家园变成一个可怕的屠宰场，那时候差不多每年有两万只藏羚羊因此被杀害！经过20世纪90年代偷猎分子的大量捕杀，藏羚羊的数量最后减少到几万只，濒临灭绝的边缘！为保护藏羚羊，一些仁人志士自发组织护卫队对抗偷猎者，有人甚至付出了生命的代价。后来，这些情况引起了国家的重视，国家实施了一系列保护措施，藏羚羊的数量才慢慢开始回升。

每年的六七月份，雌性藏羚羊都会结伴去可可西里的卓乃湖、太阳湖等几个特定的地方产崽，它们的出发和回归，是很壮观的大迁徙过程。不过，藏羚羊大迁徙与非洲角马及北极驯鹿的大迁徙是有本质不同的：角马和驯鹿的大迁徙都是雌雄一起举家共同进退的，引发它们迁徙的最直接动因是为了寻找更好的食物，而藏羚羊大迁徙则是由雌性藏羚羊产羔而引发的。但是为何一定要去特定地区集中产崽，科学家们依然没有给出很好的解释。

○ 藏羚羊（摄影／樊尚珍）

TIPS:

藏原羚、普氏原羚与藏羚羊的区别

○ 藏羚羊

青藏高原上生活着好几种长得和藏羚羊有点儿像的动物，经常会被误认为是藏羚羊。

在青藏公路或者青藏铁路沿途，比较常见的一种动物是藏原羚。藏原羚被当地人称作黄羊，它的个头比藏羚羊要小得多，头上的角也比较短。最明显的特征是，它的屁股上有一大块心形的白斑，和黑色的小尾巴组成一个M的形状，很好辨认。

青藏高原上还有一种会被错认为是藏羚羊的动物，叫作普氏原羚，它是世界上有蹄类中最濒危的一个种，只在青海湖周边等有几小群。由于栖息地被侵占，它的种群数量曾经降低到几百只。不过最近传来的消息是，青海湖边的种群已经恢复到两三千只。普氏原羚的体型和藏原羚差不多，它的角有明显的横纹，角尖向中间弯曲相对。

真正的藏羚羊与以上两种动物相比，体型较大，腿更长，身形健美。成年雄性的角是长长直直的，顶端才有弯曲，像两把利剑一般，非常威武。

◎ 青藏高原 "五大兽"

夏天的时候，我带领了一支由青少年和家长组成的"动物生态观察营"进入青藏高原进行野生动物保护、观察以及摄影活动，还对唐蕃古道的一些路线进行了考察和徒步。这次活动的目的是通过野外观察的形式，让参加者学习一些野生动物保护的知识，宣传野生动物保护的理念，从而达到保护生态环境、保护野生动物、促进生态平衡的目的。

○ 参加活动的孩子们露出开心的笑容

○ 普氏原羚

当地的生态环保服务组织和可可西里野生动物保护站非常配合这次生态考察活动。那天清晨，当我们在不冻泉附近的营地休整的时候，五道梁保护站传来消息，那边有四五百只藏羚羊正要穿越公路。听到这个好消息，我们来不及吃早餐，一行十多人马上上车，风风火火赶往六七十千米之外的五道梁。快到达的时候，我们发现路边的藏羚羊越来越多，正在缓慢向公路集合，而保护站的工作人员已经通知公路上的来往车辆停车，大家屏住呼吸，静待藏羚羊大军穿越公路。

○ 藏羚羊羊群鼓起勇气依次穿过公路

这是一个激动人心而漫长的过程。领头的藏羚羊小心翼翼带着队伍前行，一点点的风吹草动都会让它们马上回头退却。几米宽的公路，其中一小队通过竟然花去了差不多半小时的时间。值得庆幸的是：它们虽然还得通过前面的青藏铁路，但是那边已经修好了专门的通道给这些青藏高原的真正主人们。

在东非的动物观光旅行中，"五大兽"即狮子、花豹、大象、犀牛和非洲野牛这五种动物最为有名。我们在世界屋脊上也可以有自己的五大兽，比如野牦牛、藏野驴、藏羚羊、藏原羚、狼，都是既有特色又比较容易见到的动物。除了五大

○ 顺利穿过公路的藏羚羊羊群继续前进

○犀牛

○野牦牛

兽，还可以有自己的五小兽，如狐狸、豺、石貂、猞猁、兔狲。另外一些动物，如雪豹、棕熊、普氏原羚、白唇鹿、盘羊、岩羊，以及黑颈鹤等同样大名鼎鼎，非常值得我们去观赏和探究。只要掌握动物的生活规律，我们也完全可以像在东非大草原一样，近距离地去接触这些大自然的精灵们。

中国 safari

在这次 safari 行动过程中，我们还有一个重大收获，就是看到了传说中的湟鱼洄游。

○ 藏羚羊

○ 藏野驴 ●

○ 藏原羚

○ 在黑马河边观察湟鱼洄游

为了本次观察活动成功，出发前我专门前往青海湖裸鲤救护中心，向史建全主任请教了湟鱼的洄游规律，并根据其指导前往黑马河观看洄游的鱼群。

当我们一群人来到黑马河边的时候，一开始很失望，因为看上去这是一条水不多的小河，这里边会有鱼吗？大伙儿都充满了疑虑。大家沿着河岸搜寻，当我们在河边看到一条因跳出水面而干死在河边的湟鱼时，我就知道我们会看到湟鱼。果然，就在不远处，我们看到了水中一群群的湟鱼。

知识链接：
有一种鱼叫青海湟鱼

湟鱼是我国青海湖的特产，学名叫作"青海湖裸鲤"，属于国家二级保护动物，是一种令人敬佩的鱼种。它本来是一种淡水鱼，却在青海湖这个咸水湖中顽强地生存着。但是每年的产卵期，湟鱼必须溯流而上，克服困难、前仆后继、不惜牺牲生命来到淡水河中去繁衍后代，这就是湟鱼的洄游活动，湟鱼的洄游产卵之旅是公认的艰辛、危险甚至是死亡之旅。

冰川里的世外桃源

撰文·摄影／高登义

一提到北极，人们自然而然地会想到浩瀚的冰雪世界。

不错！北极格陵兰冰盖、斯瓦尔巴群岛上的冰雪地貌、格陵兰冰盖四周奇特形状的冰山、北冰洋上的浩瀚浮冰……都是北极冰雪世界的代表。然而，北极与南极的重要不同点之一，就是北极冰雪世界里还生长有由高等植物和茂密森林组成的绿洲，而南极地区不仅没有森林，也没有高等植物，只有苔藓和地衣。

北极壮丽的冰雪世界

和南极相比，北极冰雪世界的特点是：格陵兰冰盖上天蓝色的冰盖融水——冰湖星罗棋布，格陵兰冰盖四周海域的冰山小巧玲珑、蔚为壮观。北极斯瓦尔巴群岛的地貌非常像我们的青藏高原，在这群岛上，有的冰川由于强烈融化而形成了比较奇特的"冰塔"和"冰谷"，几乎可以与珠穆朗玛峰北坡的冰塔林媲美了。

俯瞰北极冰雪世界

从空中俯瞰北极冰雪世界是宏观地欣赏，是居高远望，是把浩瀚的北极冰雪世界尽收眼底。

如果飞机从格陵兰冰盖东侧进入，首先映入眼帘的是，起伏不平的雪山，有时会遇到雪山上的

○ 宛如巨龙遨游

晨曦。当飞机驶入格陵兰冰盖中部偏西的地方时，俯瞰冰盖上冰雪融化形成的冰湖，那又是另一番景色：冰盖上，冰雪融化形成奇形怪状图案的冰湖，星罗棋布，有的是长条，有的呈环状，有的宛如小巧玲珑的翡翠玉器……当飞机在格陵兰冰盖西海岸上空时，由于地形倾斜，冰川流动的痕迹一目了然。

走进北极冰雪世界

攀登北极冰川，尤其是攀登那种类似于珠穆朗玛峰北坡冰塔林的冰川，更是一种特殊的刺激与享受。因为一般说来，由于受地形条件、太阳高度角和其他大气条件的影响，北极的冰川很难像珠穆朗玛峰北坡那样形成冰塔林。

走近格陵兰海域冰山

格陵兰海域的冰山虽然远远不如南极的冰山高大雄伟，但它们却更小巧玲珑，形状奇特。有的冰川像海中巨轮，宏伟壮观。冰川上因为夏季融水而形成的涓涓细流，似乎在向我们昭示着生机盎然的夏天已经到来，冰山一侧有一个幽深的冰洞，仿佛是开启世外桃源的大门。

远眺埃其普塞米亚冰川，一幅

○ 高耸的多层宝塔

又一幅人与自然亲近的美丽图片展现在眼前。在蓝天、明月的陪伴下，在悠扬的钢琴声中，让我再一次体会到了亲近自然、欣赏自然的乐趣。于是，我触景生情，留下了一首即兴诗：

TIPS:
你知道吗

一般说来，无论是北极还是南极海域，冰山在海水中漂动时，冰山在水面上的高度和水面下的深度比约为1：7。即，若我们看见冰山在海水面上的高度为1米，那么它在海水下的深度约为7米。

○ 海上冰山水上与水下的比例为 1：7

○ 冰川融水滋润花草绽放

格陵西岸赏冰川，
风和日丽艳阳天。
把酒甲板邀明月，
琴声悠扬舞翩跹。

感受冰雪世界绿洲

走进北极圈：这里是北极吗

我很震惊北极地区的绿洲。在挪威北部的特罗姆瑟城，地理位置接近北纬 70 度，其地理纬度数值与我国南极中山站和日本昭和站相近，但前者与后两者的自然景观却迥然不同。在昭和站与中山站，夏季，岩石裸露，奇峰异石；冬季，白雪皑皑，奇石绝迹。那里没有草地，没有花丛，更没有树木，偶尔只能见到一小撮低等的苔藓。然而，在北极圈内的特罗姆瑟城，当我和挪威朋友叶新教授驱车于城郊时，但见峡湾深处，两岩松木林立，绿草如茵，红花蓝花点缀其间，远山顶上的白雪倒映在峡湾水中。此时此刻，我似乎步入了西藏东南部的河谷盆地，似乎进入了雅鲁藏布江下

○ 北极随处可见的虎耳草

游的大峡谷，也好像旅游在美国的"多雨公园"境内，真不敢想象自己已经进入了北极圈，正处在地理位置与南极中山站相似的高纬度地区。叶新教授说："暖湿的海洋空气沿着峡湾深入半岛，带来丰沛的降水。这儿的年降水量可达 1000 毫米左右。""啊！"我心里想，同这儿纬度数值相近的南极中山站，年降水量不到这儿的一半，年均气温要低 10℃以上，当然景观不同了。

○ 这种花是我们见到的北极的美丽之花
（Polemoniaceae，摄影 / 武素功）

走近北纬80度

在北极考察期间，我曾到过斯匹兹卑尔根岛西岸近北纬79度的纽阿罗森站，也曾经到达过北纬80度附近的岛屿。如果是在南极大陆上如此高纬度的地方，无疑是为大冰盖所覆盖了。然而，由北大西洋暖流带来的暖湿水汽却给这儿带来了生机：蒲公英遍布北极格陵兰冰盖附近，洁白的雪绒花在寒风中怒放，在劲风中翩翩起舞，显示了无穷的生命力，虎儿草星罗棋布，可口的蘑菇随处可见，有时，还可看见罂粟花，特别是那珍贵的仙女木是第四纪年代确定的重要化石，北极的桦木贴地生长，宛如灌木，这紫色的花朵惹人喜爱，植物学家武素功说，这是北极最美的花草之一……玫瑰色的、红色的各种各样的花丛，镶嵌在绿色草垫中，令人流连忘返，老师和学生们认真地来采集植物标本。如果把纽阿罗森站的景色镶嵌在南极大陆冰盖上，那可真是一幅"冰川绿洲图"。它应该与"沙漠中的绿洲""西藏高原的江南"齐名于世。

这里的确是北极，但又是不同于其他地区的北极。

◎北极格陵兰冰盖附近大片的蒲公英

图书在版编目（CIP）数据

游学天下. 夏 / 《知识就是力量》杂志社编. — 北京 : 科学普及出版社，2017.6
（2020.8重印）
ISBN 978-7-110-09564-5

Ⅰ. ①游… Ⅱ. ①知… Ⅲ. ①自然科学－科学考察－世界－青少年读物
Ⅳ. ①N81-49

中国版本图书馆CIP数据核字（2017）第141473号

总 策 划	《知识就是力量》杂志社
策 划 人	郭　晶
责任编辑	李银慧
美术编辑	胡美岩　田伟娜
封面设计	曲　蒙
版式设计	胡美岩
责任校对	杨京华
责任印制	徐　飞

出　　版	科学普及出版社
发　　行	中国科学技术出版社有限公司发行部
地　　址	北京市海淀区中关村南大街16号
邮　　编	100081
发行电话	010-62173865
传　　真	010-62173081
网　　址	http://www.cspbooks.com.cn

开　　本	720mm×1000mm　1/16
字　　数	182千字
印　　张	8.75
版　　次	2017年8月第1版
印　　次	2020年8月第2次印刷
印　　刷	天津行知印刷有限公司
书　　号	ISBN 978-7-110-09564-5/N・231
定　　价	39.80元

（凡购买本社图书，如有缺页、倒页、脱页者，本社发行部负责调换）

本书参编人员：李银慧、江琴、朱文超、房宁、王滢、王金路、纪阿黎、刘妮娜